「创造最有价值的阅读」

“阅读力”指导专家委员会

顾　问：朱永新

主　任：曹文轩

成　员：（以姓氏笔画为序）

王士荣　方卫平　朱芒芒　刘克强　杜德林
何立新　张伟忠　张祖庆　周其星　周益民
胡　勤　顾之川　倪文尖　黄华伟　梅子涵
章新其　蒋红森　滕春友

丛书主编：曹文轩

本书编写人员：於玉红

丛书统筹：王晓乐

丛书统筹助理：罗敏波

名 著 阅 读 力 养 成 丛 书

大自然的文字

◆［俄］伊林 谢加尔 著 ◆沈念驹 译

图书在版编目(CIP)数据

大自然的文字 / (俄罗斯)伊林,(俄罗斯)谢加尔著;沈念驹译. —杭州:浙江文艺出版社,2021.1(2024.8重印)
(名著阅读力养成丛书)
ISBN 978-7-5339-6262-3

Ⅰ. ①大… Ⅱ. ①伊… ②谢… ③沈… Ⅲ. ①自然科学—儿童读物 Ⅳ. ①N49

中国版本图书馆CIP数据核字(2020)第202426号

责任编辑 王晓乐 周 佳
责任校对 唐 娇 牟杨茜
责任印制 吴春娟
装帧设计 吕翡翠
营销编辑 赵颖萱

大自然的文字

[俄]伊林 谢加尔 著 沈念驹 译

出版发行 浙江文艺出版社
地 址 杭州市环城北路177号
邮 编 310003
电 话 0571-85176953(总编办)
0571-85152727(市场部)
制 版 杭州天一图文制作有限公司
印 刷 浙江超能印业有限公司
开 本 710毫米×1000毫米 1/16
字 数 227千字
印 张 15.75
插 页 2
版 次 2021年1月第1版
印 次 2024年8月第9次印刷
书 号 ISBN 978-7-5339-6262-3
定 价 32.00元

出版说明

阅读不仅关乎个人的素养和语文教育的水平，也关乎整个社会的风尚和文明的品质。从2016年9月起，全国中小学陆续启用了教育部统编语文教材。统编教材特别重视阅读，加强了阅读设计，鼓励学生通过大量阅读来提升语文素养，提高阅读能力和阅读水平。语文学习要建立在广泛的课外阅读的基础上，已经成为越来越多的人的共识。

我社以文学立社，出名著，出精品，几十年来在古典文学、现当代文学、外国文学、儿童文学等领域积累了大量的资源和优秀的版本。从2003年起就陆续推出“语文新课标必读丛书”，为中小学生的名著阅读助力，深受欢迎。随着统编语文教材的使用，我社面向师生做了大量的教材使用调研，多次邀请并集聚读书界、语文教育界、文学界、出版界等领域的专家把脉会诊，群策群力，为中小学生和老师们精心策划、精心编辑，推出了这套“名著阅读力养成丛书”。

这套丛书收录中小学语文课程标准和统编语文教材推荐阅读书目，不仅收录小学“快乐读书吧”和初中“名著导读”中推荐阅读书目，而且配合“1＋X”群文阅读设计，收录课文后要求阅读的作家作品，共计百余种，基本满足中小学生的阅读需要。

该丛书由曹文轩先生担纲主编，延请一线教学名师，对入选的每一部作品编写有针对性的阅读指导方案，介绍作家作品和创作特色，提出合理的阅读建议，引导学生进行专题探究，有意识地拓展学生的阅读视野，有选择性地提供阅读检测与评估办法。这样，有步骤地引领学生完成整本书阅读，了解文学、科普等不同类别作品的阅读方法，了解小说、散文、诗歌、戏剧等不同文体的特征，切实有效地提高学生的阅读水平和阅读能力，同时也给老师的教学实践提供一种参照与借鉴。可以说，这套书不仅强调要读什么，更强调应该怎么读。

该丛书在版本选用上精益求精，精挑细选经典权威版本，囊括一批资深翻译家的经典译本，如傅雷译《名人传》《欧也妮·葛朗台》、力冈译《猎人笔记》、卞之琳译《哈姆雷特》等。对于名家选本，追求代表性，或由该领域权威研究者编选，或由作家自己编选。由于“五四”白话文运动的发轫与推进，中国现代文学作品在语体上有着鲜明的用语特色，我们在编校中参阅相关文献对少量字词和标点做了适当的修改，尽可能地保留作品的原貌。

该丛书在设计上充分考虑阅读的舒适感和青少年的用眼卫生，尽可能地采用大号字体、米黄纸张，做到版面疏密有致、图书轻重得宜等。所有这些，旨在推出一套真正面向学生、服务学生的青少年版丛书。

培根说：“读书足以怡情，足以傅彩，足以长才。”经典名著的影响力是不可估量的，一本好书能够让一个人终身受益。让我们种下阅读的种子，学会阅读，爱上阅读，在阅读中唤起灵性和兴味；让我们在多姿多彩的阅读的花园里，去领略丰美而自由的天地！

浙江文艺出版社

总序

曹文轩

“新课标”以及根据“新课标”编定的国家统一中小学语文教材，有一个重要的理念：语文学习必须建立在广泛的课外阅读基础之上。

语文学科与其他学科的重要区别是：其他一些学科的学习有可能在课堂上就得以完成，而对于语文学科来说，课堂学习只不过是其中的一部分，甚至不是最重要的一部分；语文学习的完成须有广泛而有深度的课外阅读做保证——如果没有这一保证，语文学习就不可能实现既定目标。我在有关语文教育和语文教学的各种场合，曾不止一次地说过：课堂并非是语文教学的唯一所在，语文课堂的空间并非只是教室；语文课本是一座山头，若要攻克这座山头，就必须调集其他山头的力量。而这里所说的其他山头，就是指广泛的课外阅读。一本一本书就是一座一座山头，这些山头屯兵百万，只有调集这些力量，语文课本这座山头才可被攻克。一旦涉及语文，语文老师眼前的情景永远应当是：一本语文课本，是由若干其他书重重包围着的。一个语文老师倘若只是看到一本语文教材，以为这本语文教材就是语文教学的全部，那么，要让学生从真正意义上学好语文，几乎是没有希望的。有些很有经验的语文老师往往采取一种看似有点极端的做法，用很短的时间一气完成一本语文教材的教学，而将其余时间交给学生，全部用于课外阅读，大概也就是基于这一理念。

关于这一点，经过这些年的教学实践，加之深入的理性论证，语文界已经基本形成共识。现在的问题是：这所谓的课外阅读，究竟阅读什么样的书？又怎样进行阅读？在形成“语文学习必须建立在广泛的课外阅读基础之上”这一共识之后，摆在语文教育专家、语文教师和学生面前的却是这样一个让人感到十分困惑的问题。

有关部门，只能确定基本的阅读方向，大致划定一个阅读框架，对阅读何种作品给出一个关于品质的界定，却是无法细化，开出一份地道的足可以供一个学生大量阅读的大书单来的。若要拿出这样一份大书单，使学生有足够的选择空间，既可以让他们阅读到最值得阅读的作品，又可避免因阅读的高度雷同化而导致知识和思维高度雷同化现象的发生，则需要动用读书界、语文教育界、文学界、出版界等领域和行业的联合力量。一向有着清晰领先的思维、宏大而又科学的出版理念，并有强大行动力的浙江文艺出版社，成功地组织了各领域的力量，在一份本就经过时间考验的书单基础上，邀请一流的专家学者、作家、有丰富教学经验的语文老师、阅读推广人，根据“新课标”所确定的阅读任务、阅读方向和阅读梯度，给出了一份高水准的阅读书单，并已开始按照这一书单有步骤地出版。

这些年，我们国家上上下下沉思阅读与国家民族强盛之关系，国家将阅读的意义上升到从未有过的高度，无数具有高度责任感的阅读推广人四处奔走游说，并引领人们如何阅读，有关阅读的重大意义已日益深入人心。事实上，广大中小学的课外阅读已经形成气候，并开始常态化，所谓“书香校园”已比比皆是。现在的问题是：阅读虽然蔚然成风，但阅读生态却并不理想，甚至很不理想。这个被商业化浪潮反复冲击的世界，阅读自然也难以幸免。那些纯粹出于商业目的的写作、阅读推广以及和各种利益直接挂钩的某些机构的阅读书目推荐，造成了阅读的极大混乱。许多中小学生手头上阅读的图书质量低下，阅读精力的投放与阅读收益严重不成比例。更严重的情况是，一些学生因为阅读了这些质量低下的图书，导致了天然语感被破坏，语文能力非但没有得到提高，还不断下降。如果这种情况大面积发生，我们还在毫无反思、毫无警觉地泛泛谈课外阅读对语文学习之意义，就可能事与愿违了。现实迫切需要有一份质量上乘、定位精准、真正能够匹配语文教材的阅读书目以及这些图书的高质量出版。

我们必须回到“经典”这个概念上来。

我们可能首先要回答“经典”这个词从何而来。

人们发现，这个世界上的书越来越多了，特别是到了今天，图书出版的门槛大大降低，加之出版在技术上的高度现代化，一本书的出版与竹简时代、活字印刷时代的所谓出版相比，其容易程度简直无法形容。书的汪洋大海正席卷这个星球。然而，人们很清楚地看到一个根本无法回避的事实，那就是：每一个人的生命长度都是有限的，我们根本不可能去阅读所有的图书。于是一个问题很久之前就被提出来了：怎么样才能在有限的生命过程中读到最值得读的书？人们聪明地想到了一个办法：将一些人—— 一些读书种子——养起来，让他们专门读书，让读书成为他们的事业和职业，然后由“苦读”的他们转身告诉普通的阅读大众，何为值得将宝贵的生命投入于此的上等图书，何为不值得将生命浪费于此的末流图书或是品质恶劣的图书。通过一代一代人漫长而辛劳的摸索，我们终于把握了那些优秀文字的基本品质。这些被认定的图书又经过时间之流的反复洗涤，穿越岁月的风尘，非但没有留下被岁月腐蚀的痕迹，反而越发光彩、青春焕发。于是，我们称它们为“经典”。

阅读经典是人类找到的一种科学的阅读途径。阅读经典免去了我们生命的虚耗和损伤。我们可以通过对这些图书的阅读，让我们的生命得以充实和扩张。我们在这些文字中逐渐确立了正当的道义观，潜移默化之中培养了高雅的审美情趣，字里行间悲悯情怀的熏陶，使我们不断走向文明，我们的创造力因知识的积累而获得了足够的动力，并因为这些知识的正确性，从而保证了创造力都用在人类的福祉上。阅读这些经典所获得的好处，根本无法说尽。而对于广大的中小学生来说，阅读经典无疑也是提高他们语文能力的明智选择。

这套书，也许不是所有篇章都堪称经典，但它们至少称得上名著，都具有经典性。

2018年7月15日于北京大学

点击名著

伊林（1895—1953），俄国科普文学作家、儿童文学作家、工程师，代表作有《十万个为什么》《大自然的文字》《黑白》《人和山》等。

伊林的作品，不但包含了丰富的科学知识，还有很强的文学性。他善于把复杂深奥的科学道理暗含在一个个生动有趣的故事里娓娓道来。读着伊林的文字，你常常会忘记自己读的是科普作品，而是仿佛走进了童话故事的世界，津津有味，乐此不疲。伊林从小酷爱读书，迷恋大自然，对各种生物、天象、地质情有独钟，尤其沉醉于各种科学实验。这些独特的爱好都为他后来的创作打下了扎实的基础，也成就了他一部部诗一般的科普作品。伊林的著作影响了一代又一代的人，他不但对俄国的科普文学做出了重大贡献，而且对我国现代科普事业的发展影响深远。

在《大自然的文字》这本书中，作者以日常生活为观察与写作对象，主要写了人与自然、城市里的衣食住行、与日常生活相关的各种物品三个方面的内容。作者把大自然中的万事万物巧妙地比作文字，并以一个个生动的例子带领小读者们去探索隐藏在这些独特“文字”背后的学问和奥秘，真是独出心裁、趣味盎然。

书中的文字浅显生动，结构简洁，多采用短语短句，甚至一句一行，这样一目了然的形式非常贴近孩子的阅读习惯。与此同时，作者在阐述科学道理时深入浅出，循循善诱，让读者在轻松愉悦的阅读体验中，不由自主地向往大自然，爱上大自然。伊林是当之无愧的最善解人意的科普作家。

阅读建议与指导

◎ 阅读小妙招一：联系生活

当你收到好友来信时，突然很想知道："信到底是怎么送到自己手中的？"

当你打开家里的水龙头时，突然冒出一个问题："自来水到底是怎么来的？"

当你手握铅笔正在写字的时候，突然想弄明白："铅笔到底是怎么发明的？"

……

这些源自生活的问题，是不是常常会从你的脑袋里冒出来？的确，生活处处有科学，科学时时指导着生活。所以，在阅读科普作品时，我们要将文字与生活联系起来，边读边思考，从书里到书外，感受科学的魅力。你也可以尽情保持对生活的好奇，当某个问题在脑海里诞生的时候，养成刨根问底的习惯，从书和大自然中寻找答案。

◎ 阅读小妙招二：品味语言

伊林呼吁：要为千百万儿童写作科学文艺读物。他是这么说的，也是这么做的。他的作品并不是单纯枯燥的科学理论，而是处处流淌着诗意的科普读物。当你打开这本《大自然的文字》时，光是读目录就会觉得妙趣横生："一颗冰雹准备外出做客""麦粒的敌与友""可爱的路灯"

“书信的旅行”“一只灯泡的诞生”“铅笔的故事”……自然界和生活中的万事万物，都被赋予了生命、情感与思想。作为读者，你一定也迫切地想打开书，去字里行间感受自然的奇妙与生活的美好了吧。在书中，你随便翻到哪一页，比喻、拟人、设问等手法比比皆是。每一篇文章中，作者都以这样生动活泼的语言讲述万物的故事，生动传神、引人入胜地向小读者传递科学知识。不光是小读者会被深深吸引，成年人也会爱不释手。你可以抄一抄，也可以大声读一读这些耐人寻味、趣味盎然的文字哦。

◎ 阅读小妙招三：欣赏插图

伊林在《几点钟》一书中写过：“在读这本书以前，你们一定会从头到尾，把书中所有的图画看一遍。我们经常这样看书，看这本书有没有趣味。”伊林的作品中总有不少插图，借助这些插图，可以更加生动地描述现象，阐述科学道理。尽管画作是黑白的，但从细致的线条中，我们不但能欣赏丰富的画面、生动的情节，也能了解当时的社会现状。比如在《书信的旅行》这一篇中，作者展现了七幅插图，分别是：从邮箱里取信的画面、邮政局分类信件的画面、满载信件的邮车飞奔向前的画面、一个完整信封的画面、各类交通工具派送信件的画面、信件放在邮递员胸前邮包里的画面和马车运送邮件的画面——光是欣赏这些生动有趣的插图，我们就已经能感受到书信旅行时间之漫长，路途之遥远，形式之多样。所以在阅读本书时，千万不要忽视插图的存在。你可以边读文字边欣赏插图，图文结合更加有助于你理解文本；你也可以在看完文字后，再单独把插图欣赏一遍，它们将带领你更加直观地领会科学理论，感受自然万物。

◎ 阅读小妙招四：关注逻辑

科普作品大家一定不陌生，丰富的材料，层出不穷的知识，总让读者移不开眼睛。不过，有些科普类图书的内容跳跃性比较大，读后会让人觉得很松散，印象也不深刻。伊林的作品不但有丰富的内容，而且有着清晰的逻辑思路，从现象到理论，从表象到实质，从自然到生活，提出问题，给出答案。这些问题或答案，初看好像意想不到，细想却在情理之中。对此，你可以拿起笔“画一画”，来厘清思路，学透知识。比如阅读第一辑“大自然的文字”，你可以抓住重点信息，试着画一画雪花的形状、冰雹的形成过程、水的奇异旅程等。第三辑“日常用品来自何处”中，铅笔、钢笔、墨水、灯泡、眼镜、车轮等是生活中的常用物品，我们再熟悉不过了；但它们的制作方法和演变历史，你了解吗？欢迎你到这一辑中寻找答案。在阅读文字的基础上，你还可以尝试画一画思维导图。绘制好概念图、示意图或流程图，并借助所绘的图与同学进行分享与交流。在提取信息、整理内容、绘制图画、展示分享中真正理解科学知识、掌握科学知识。通过日积月累的努力，相信你的阅读能力、阅读沉淀都会经历从量变到质变的飞跃。

译者序

20世纪五六十年代，苏联儿童科普文学作家伊林是中国广大青少年读者所熟悉的名字。在译者的印象中，20世纪50年代初，伊林的科普著作《十万个为什么》是当时风靡一时的少儿读物。我本人知道伊林这个名字也是从这本书开始的。后来，中国人自己写的科普著作逐渐丰富起来，而且有了中国人写的《十万个为什么》，伊林的名字才渐渐淡出新生代小读者的视野。近年来，伊林的著作又陆续在中国出版，重新与中国的小读者见面。在这样的背景下，浙江文艺出版社约我重新选译伊林的作品集《你身边万物的故事》（我国曾有以《在你周围的事物》为书名的中文本行世），于是就有了现在这个选本《大自然的文字》。

伊林（真名伊里亚·雅可夫列维奇·马尔沙克）1895年（俄国旧历）生于巴赫穆特市，1953年卒于莫斯科，儿童科普文学作家。1925年毕业于列宁格勒工学院，曾在涅瓦硬脂精厂当技术工程师。1924年起在儿童杂志《新鲁滨逊》当编辑，负责《化学之页》和《“新鲁滨逊”实验室》两个栏目的编务。1927年伊林出版了《桌上的太阳》（又译《不夜天》），接着在同一年出版了《几点钟》，这是讲述人类如何学会测量时间的科普作品。1928年出版的《黑白》是有关文字和书的发展的故事。《十万个为什么》（1929）所讲的故事涉及人在日常生活中遇到的形形色色的最为普通的事物。伊林创作过不少有关技术发展的“特写”，如《汽车是怎么会奔跑的》（1930）、《伟大计划的故事》（1930）、《人和山》（1935）、《各种东西的故事》（1936）、《人是怎么成为巨人的》(1940—1946，与其妻子谢加尔合著）等。伊林的作品还有《人和自然》(1947)、《原子世界旅行记》(1948）等。伊林对现代儿童科普文学的形成和20世纪30年代苏联记叙性文学散文的发展所起的作用是显而易见的。

现在这个选译本是根据1962年苏联国家儿童出版社俄文版《你身边万物的故事》翻译的。原著1952年最初是以《我们周围的世界》为书名出版，也是他和妻子叶林娜·亚历山大罗夫娜·谢加尔合著的。1962年在它出版十周年之际经过改编出版了新版本，也就是译者现在所据的本子。与1952年版相比，内容有所增加。全书分为三辑，分别涉及城市的衣食住行、与日常生活有关的各种物品、人与自然三个方面，每一篇都以生动活泼的语言讲述日常生活中万物的故事，深入浅出地向小读者传授准确的科学知识。这些内容不仅小读者会被吸引，成年人同样会怀着巨大的兴趣去阅读。从本书原著出版至今已经过了半个多世纪，其间科学技术的发展可谓日新月异，但是书中大部分故事所包含的科学知识使人觉得依然新鲜。这正是伊林作品的生命力之所在，也是浙江文艺出版社决定重新选译此书的理由。

当然，由于时代的局限，受当时苏联意识形态的影响，伊林的作品中有些篇什难免带有时代的烙印；又由于科技的进步，有些篇什反映的仅是当时科技发展的水平，今天已经有了更先进的技术和设备。对此，译者在选译时做了一定的处理：个别明显带有当时政治色彩的篇什或内容略而不译；今天科技的发展与进步有了比文中介绍的内容更先进的成果时，在译文中适当加注，予以补充。为了帮助对俄国情况和语言不太熟悉的读者了解有关背景，译者对有些词语也加了注；另外，某些地名仍按当时的习惯叫法译出。考虑到当前的阅读接受心理，把第三辑“大自然的文字”移为第一辑。诚然，限于译者自己的视野和水平，这件事定然不能尽如人意。尚祈行家匡谬赐教。

译者

2011年早春于北京官书院小区寓所

大自然的文字

大自然的文字 /003

隐身者 /009

雪花 /016

春天如何与冬天较量 /020

水的奇异经历 /022

一颗冰雹准备外出做客 /024

一滴水的故事的结尾 /027

农庄里如何叫小河干活 /029

神奇的仓库 /035

麦粒的敌与友 /039

一位老科学家和凶恶的燥热风的故事 /046

我们城市里的事

我们的街道是怎样建成的 /057

在地铁里 /066

河水是如何来到你家做客的 /073

无形的劳动者 /080

可爱的路灯 /086

书信的旅行 /092

世上最精确的钟表 /099
河流和城市 /105
学校的故事 /113
书城 /119
舞台上的世界 /126
马戏团 /133
学校和城市里的生物园地 /142

日常用品来自何处

你家里的机器 /153
各用什么制作 /160
麦子的旅程 /167
车轮之歌 /176
茶碗、煮水的陶罐及其亲属 /183
古老的故事和新的真事 /190
一只灯泡的诞生 /197
话说普普通通的眼镜 /203
钟表的两段历史 /210
铅笔的故事 /216
钢笔和墨水的故事 /223
木工间里的对话 /230

阅读拓展 /236

大自然的文字

大自然的文字

字母你早就认识了，所以能轻松地念出街上的每一块路牌。你不会到理发店去买药，也不会到药铺去理发。不管把你派往何处，你会毫不费力地找到路，只要告诉你地址：路名、门牌号和住宅号。

字母表真是好东西。它一共只有三十三个字母。但是只要认识这三十三个字母，就能读完最厚的书，可以了解世上的一切。

字母A——每个有学问的人踏上自己通往科学之国的道路，就是从它开始的。

然而还有一种文字，它是每一个希望自己真正有学问的人应当认识的。

这张字母表就是认识大自然的指南。它里面有成千上万的字母。天上的每一颗星星就是一个字母。你脚下的每一颗石子就是一个字母。

对于没有学问的人来说，所有的星星彼此都很相似。可是有学问的人却知道每颗星星的名字，而且能说出它和别的星星有什么区别。

就如字母组成了书本里的单词那样，天上的星星组成了星座。

从古代起，海员在需要找寻海上航道的时候就观察星星这本书，因为水面上没有船舶留下的痕迹。那里没有画着箭头和写着指路文字的标杆："此路向北。"

但是海员们不需要这样的标杆。他们有仪器——罗盘，上面有永远指北的指针。即使没有罗盘，他们照样不会迷航。他们抬头望天，会在众多星座中间寻找小熊星座，再在小熊星座的星星中间寻找北极

有时在夏季炎热的白昼，天空中会出现像山峰一样的白云

星。北极星在什么方位，那里就是北方。

云层也是天空这本书的字母。它们不仅告诉你现有的情况，还会告诉你将要出现的情况。在最好的天气，云层会预示雷雨或连绵的阴雨。

你看蔚蓝的天空伸展着一条条白色的丝状云彩，仿佛有人在高空甩出了长长的白发。

认识大自然文字的人马上会说这是卷层云。你别指望它会带来好天气，大部分情况下它预示着阴雨连绵、淅淅沥沥的下雨天。有时在夏季炎热的白昼，远处开始堆积像山峰一样的云团。只见这样的一个云团向左右两边伸出了两个尖角，山状的云团变成像铁匠铺里常见的铁砧的模样。

飞行员知道砧状云是雷雨的前兆，得离它远点儿。如果飞进它里面，它就可能折断飞机——这么大的打击力来自风。

长空的跋涉者——鸟类——也能教会仔细观察它们的人许多东西。

假如燕子在高高的天空飞翔，看上去显得很小，这是好天气的征兆。

白嘴鸦飞来了，表示春天已经来到门口。

太阳还是照得人暖洋洋的。日子过得安安静静，空气清澈明净。这时不知从哪里传来奇异而惊恐的叫声：仿佛高空中有人在彼此呼唤。随着时间一分分地过去，那声音听上去越来越清晰，越来越接近。终于，凝视的眼睛开始发现天空中依稀可辨的一根深色蛛丝，仿佛是风儿在带着它飘飞。蛛丝正在渐渐近来，抬头已能看出这不是蛛

鹤群飞向南方

丝，而是许多长着长长脖子的鸟儿。它们在飞行中保持自己的队形，宛如一只尖角，朝着森林上方艳阳高照的方向飞去。

又分辨不出一只只的鸟儿了，能看见的又只是一根蛛丝。转瞬之间就不见了：仿佛已经融化在天空之中。唯有那声音还从远处传来，似乎在说：

“再见啦，再见啦，明年春天见！”

在阅读天空这本书的时候，可以认识许多令人惊异的东西。

还有我们脚下的大地，对于会阅读的人来说，也是一本有趣的书。

有一次在建筑工地，一个挖土工的铁锹刨到了一块灰色的石头。对你来说这就是块石头，然而对于认识大自然文字的人来说，这是石灰岩。它是由居住在大海里的小贝壳生成的。这就是说，很久以前，如今耸立着一座城市的地方，曾经是大海。

对于阅读大自然文字的人来说，这并非就是石头，而是花岗岩和石灰岩

有时经常会遇到这样的情况——你在森林里走，突然发现树木中间有一块巨大的花岗岩，上

面长满了像毛毛一样的苔藓。它怎么会来到这里？谁有足够的力气将这样一块巨石搬到森林里来？再说它怎么能穿过这难以通行的密密丛林？

会读大自然文字的人立马会说，这是漂砾，它不是人带到这里的，而是积冰。

这些积冰从寒冷的北方移动过来，一路上使山崖断裂，夹带了这样的断岩。那是很久很久以前的事了，当时连森林的影儿都还没有呢。后来漂砾的周围长出了树木。

要读懂大自然的文字，从孩提时期开始就应该在莽莽林海里徜徉，还得对田野和一切事物留心观察，仔细分辨。如果有什么不明白的地方，就得在书本里找，看那里有没有解释。

遇到任何事物都要向了解的人请教：这是什么石头？这是什么树？这叫什么鸟？雪地上是什么动物留下的脚印？

谁整天在四壁围住的家里坐着，他就什么大自然的文字也看不懂。

这儿有过一个我们认识的孩子。他非常喜欢阅读关于从未见过的怪兽、水妖、巫师的故事。

那又怎么呢，读故事，这可不是坏事啊。

坏就坏在他不会也不喜欢阅读所有书本里最有趣的一本书——大自然这本书。再说，既然连文字都不认识，连树跟树、鸟跟鸟彼此的区别都不知道，他怎么读呢？

有一次有人说服他去森林里采浆果。他看到灌木丛里长着水灵灵的红色浆果。有那么多，他乐坏了，心里想："别看我难得到森林里来，可采得比谁都多。"

他采了满满一篮浆果，就回家了。路上他馋得忍不住了，想尝尝鲜。吃了几个浆果，觉得有点儿恶心起来，接着就开始肚子疼。

还好，他当时就呕了出来，要不就中毒了。

从此，他再也不吃这种浆果。大自然本身教会他识别好的浆果和有毒的浆果。只不过大自然是位很严格的老师：它惩罚不认识它的文字的人，教他吃苦记苦。

就说这个孩子，假如他经常和大人或年纪比他大的孩子一起去森林，他们会告诉他，他找到的浆果尽管样子好看，却是有毒的。

你看蛤蟆菌样子也很漂亮。它的菌盖是红的，带着白点。可你要是带回家，准保引得大家对你哄堂大笑。

这个孩子还遇到过一件事。有一次孩子们开始给菜园除草，把他也叫上了。

他推托说：

“等一等，让我把这篇故事读完。”

“得，”孩子们说，“我们给你留一畦地。”

这个孩子不认识大自然的文字，否则他说什么也不会去品尝有毒的浆果

孩子读完故事，就去了菜园。可他自己却不会分辨杂草和胡萝卜。他开始拔草，把所有胡萝卜都拔了，杂草却留了下来。

等大家看到他干的活以后，他狼狈极了。母亲批评了他一顿，孩子们都拿他说笑。

这孩子有很好的视力，却不会观察。往往，他去了森林，却什么也没有看见。当时他只看见了一只刺猬，因为他的光脚踩到了它身上尖利的刺。在雪地里，他分不清兔子和狗的足迹。

有一次春天的时候他到森林里去，迷了路。

要是换了别人就会判断：家里的房子在南边，那里有太阳。确实，太阳被乌云遮住了，可那又何妨呢？没有太阳照样可以分辨南北。树上的苔藓长在朝北的一面。树木南面的积雪先融化，太阳照不到的北面的雪后融化。

这一切对于善于阅读大自然这本书的人来说就是一本指南。

这孩子糟就糟在他不认识这本指南。所以他在森林里徘徊到了黑夜，直到走出林子来到一个不认识的村子。他只好在那里过夜。与此同时，家里却已闹得沸反盈天！母亲哭得死去活来，以为他被狼吃了……

不过老说他干吗呢！

你当然不会成为他那样的人。

你现在已经在仔细观察自己见到的所有事物。当你成为一名建设者，或者飞行员，或者海员，或者大地的工程师——农艺师的时候，大自然这本书，也会和印在纸上的书一样被你读懂。

隐身者

你是否认为隐身者只存在于童话故事里呢？你不妨抬头看看天空。那里白云在飘浮。是谁推动着它？是隐身者。它经过田野的时候，黑麦弯腰鞠躬。它经过森林的时候，树木低头致意。

今天它在我家院子里把衣服从绳子上抛下了，把帽子从小男孩的头上摘下来，把房间里的报纸从桌子上带走扔到地上。

它不征求同意，也从不敲门。它不从门户入室，走的是窗户。

秋季它叫枯叶打转。夏季它在路上扬起灰尘，撒向人们的眼睛。

当它在草原上、森林里、浩渺的海面上经过的时候，往往伴随着多少离奇的故事！

是它将北方的严寒带到我们南方，带来海上的雨水和荒漠的沙尘。是它鼓起了舰船的风帆，带动风磨研磨谷物。

现在你当然已经猜到它是什么了。

这是风，是大地上空运动的空气。

它本身是无形的，但是我们清楚地看到它叫街上的旗帜飘扬。

现在就有一个有关它传奇经历的故事。

在遥远的北方，冰天雪地的世界，曾经有一股北方的空气。

它经常在冰原上游荡，像扫帚扫地一样卷起漫天大雪。

有时在进行这样的扫除时它扬起云雾般的雪糁，然后驱赶着这白雪的粉尘横扫冰原。

在这冰雪世界，除了白雪，它还能玩什么呢！

北方寒气逼人。太阳低低地悬挂在天空，照耀的时间很短。

这隐身者无论如何不可能在白昼被晒暖。

可是到了夜晚情况更加糟糕。只有偶尔会有白云做成的毛茸茸被子给它御寒。更多的夜晚是万里无云、星光灿烂的天气。凌晨的时候隐身者已经冻得冰冷彻骨。

但是就有一次它得以挣脱冰雪的世界，踏上遥远的旅途——前往南方。

它的道路从海洋上经过。

大洋上的水比北方的冰要暖和。隐身者在温暖的海水上方疾驶而过，渐渐地变得温暖起来。

这里它有了游戏作乐的内容。它在水上掀起了波浪。它奔驰的速度愈快，掀起的波浪愈高。

隐身者来了

古希腊人如此描绘风

波浪排山倒海一般涌来。隐身者刮走波浪的尖顶，将它击打成白色的泡沫。有时隐身者遇见了轮船，便和烟囱里冒出的烟开起了玩笑。

帆船上的水手为自己助手的出现而喜出望外。他们早就期待着它的来临了。然而隐身者过于卖力了，使得水手们反而害怕起来，担心它会折断桅杆。他们只好爬上桅杆，收起风帆，使它无物可抓。

但是热心过头的助手又给自己另外找了份活儿。它开始用波浪一遍又

隐身者刮走波浪的尖顶，将它击打成白色的泡沫

一遍地清洗甲板，虽然水手们本来就将甲板清洗得干干净净。与此同时，它差点儿没把一个看得出神的乘客从船上刮走，幸好他及时抓住了扶手。

隐身者不断地向前走着，使尽全力摇晃着舰只和渔船。

隐身者离开冰雪世界时已经冻得冰冷彻骨。可是在洋面上吸足了暖气，蓄带了水分。

无形的水汽上升到大洋上空。水汽汇聚成一颗颗细小的雾珠。隐身者把它们带在了身边。雾气低低地弥漫在水面上，遮住了阳光。在大洋上空的一个地方，隐身者遇上了一架飞机。

隐身者为玩具的出现而乐不可支，便开始把飞机抛来甩去。白色的雾障团团围住了飞机。飞行员不太乐意有这样的遭遇。他决定走出雾障，向着太阳把飞机拔高。

这时阳光已经透过机舱的玻璃。白得像碗里的酸奶油一样的云雾远远地留在了下面。

隐身者走得很快，它的路程也不短。它并非很快就到达了岸边。

它用浓雾笼罩了海滨城市的街道。列宁格勒电灯的光线吃力地穿过细小的雾珠形成的

白色的雾障将飞机团团围住

黑暗。汽车司机只好鸣起了喇叭：即使有人看不到汽车，至少能听见声音。

隐身者一路向前，沿着田野和森林。人们看不到它本身。但是他们看见了它从海上带来的货物。细微的水珠汇集成大水滴。沉甸甸的乌云低垂在大地上空。

倏然之间亮起一道闪电，响起了隆隆的雷声

倏然之间亮起一道闪电，响起了隆隆的雷声。

在河里游泳的孩子们听见了无形的旅行者发出的雷声，开始迅速穿衣，以便赶在雷雨之前回家。

但是隐身者在我们的森林和田野上空降下它从海上带来的雨水以后，又继续向南方前进了。不过在南方它遇见了另一位隐身者——南方气流。

两位隐身者以往争吵过不止一次，而且谁也不肯给对方让路。

这一次也是这样。斗争在两大巨头之间开始。

当两大巨头隐身者彼此争斗的时候，但愿它们不要携起手来。

它们在旋风里打转的时候，能够把森林里的树木连根拔起，叫海上的舰船沉没，将飞机在空中折毁。

不过人们没有掉以轻心，没有白白浪费时间。他们预先知道暴风雨在什么时候开始，正在做应对的准备。

两大隐身者行走得很快，但是沿着电线和无线电的电报走得更快。

这些电报说：

“海员们注意！暴风雨要来了！”

“渔民们，别出海！暴风雨要来了！”

“飞行员请注意！暴风雨要来了！”

“农庄庄员们，把干草收起来！暴风雨要来了！”

是谁在跟踪隐身者？谁预先知道它们要往什么地方去，又在什么地方打架？

知道这件事的是气象学家。

“气象学家”，这是一个长而拗口的词语。但是只要你念过这个词，你就记住了。气象学家是我们大家的朋友。

在山区和平原、海岛和沙漠、北方气流的冰雪世界和它的对手南方气流的势力范围，到处都布置着我们的“哨兵”。到处都有这样的气象站，气象学家们昼夜不分地在那里注视着天气，注视着隐身者的生活。

气象学家们有自己的助手。

一个助手叫风向标，它安装在一根高高的杆子上。风朝什么方向吹，它就往什么方向转。你只要看看风向标，马上就知道风往何处吹。

另一个助手叫温度计，它会报告天气暖和还是寒冷。

第三个助手叫湿度计，显示天气干燥还是湿润。

第四个助手叫雨量计，显示降了多少雨。

第五个助手是晴雨表。这也是一件非常聪明的仪器。如果它的指针向右偏转很多，就表示将会是晴朗的天气。如果指针向左偏转很多，就表示将有降雨或暴风雨。

各个气象站的气象学家们注视着仪表，

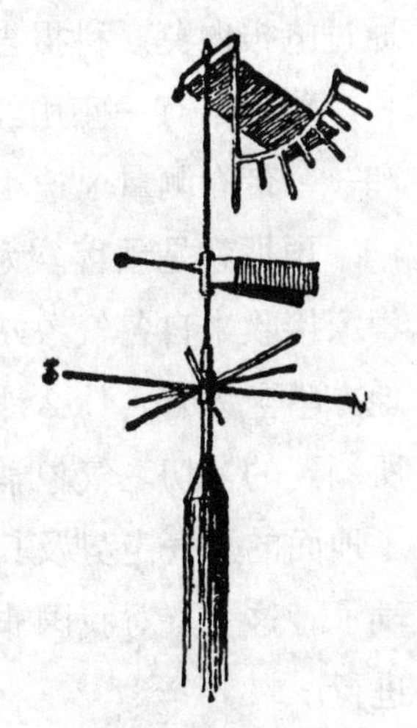

只要看看风向标就知道风从哪里来

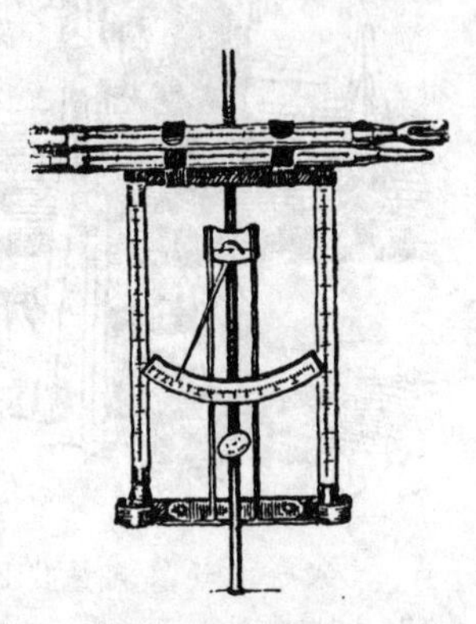

湿度计标示天气干燥还是潮湿

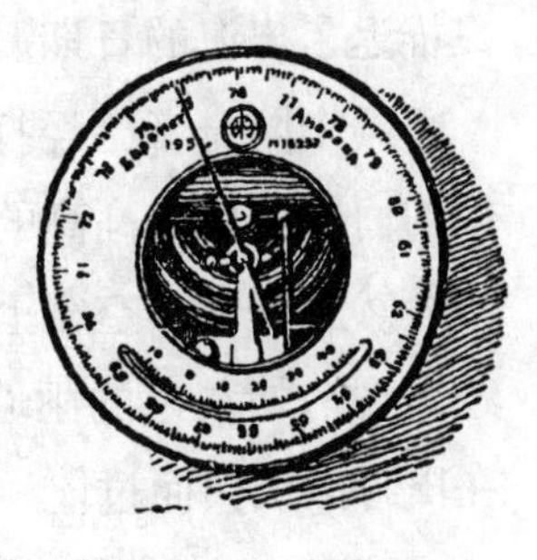

晴雨表是天气预报器

通过电报向莫斯科报告他们所见到的情况。

莫斯科有一座用红砖建造、带高塔的大楼。高塔上看得见风向标和一个带有测量风速小转盘的仪器。中央预报研究所就设在大楼里。

预报就是预言。为了预先告知天气情况，中央预报研究所的气象学家接收来自各气象站的电报，在地图上标示，什么地方下雨，什么地方晴空无云，什么地方炎热，什么地方寒冷。总而言之，标示仪器所测到的一切。气象学家将今天的气象图和昨天的进行比较时，看到了地面的天气走势及其沿途的变化。这时他们已经不难预报明天的天气了。这一点对我国非常重要，因为所有工作都在协调一致地按计划进行。

气象亭是气象测量仪器“居住”的地方

天气预报通过电话、电报和无线电传播。

现在你打开收音机，听到：

“现在播送天气预报。迪斯肯岛白天零下20摄氏度，雅库茨克零下17摄氏度，莫斯科零下10摄氏度……莫斯科明天多云，有大风……”

现在咱们回头说隐身者的故事。

两大巨头——北方气流和南方气流进入斗争状态时，人们已经得到预报。农庄庄员及时收起了干草，使它们不至于被淋湿。飞行员把飞机开进了机库。在好天气来临以前，渔民推迟了出海的日期。

两个隐身者已经打得热火朝天。这场战斗从南方气流爬上自己敌手的肩膀开始。高高的天空出现了轻盈的卷云。

然后整个天空蒙上了一层白云。云层变得越来越暗。这时远方已经出现一堵灰色的雨墙，它正越来越近地向前推来。它笼罩了森林，在田野上横扫而过。

“滴——滴滴！”最初的雨点敲击着窗户。“让我们进屋去！”随之而来的是鼓点般的另一阵雨点，在屋顶、树叶和花园的长凳上扫过。

雨淅淅沥沥地下了一整天。不过现在它开始停下来，云端里透出一抹蓝天。天气变热了。

这是胜利者——南方气流来了。它远远地挣脱了自己敌手的控制。但是它的胜利会持久吗?

北方气流根本没有考虑投降。它开始包抄过来，从敌后。它以沉重、寒冷的狂风暴雨扑向自己的敌手，把它高高地抛向上空，于是天空中顿时升起了一个个山峰般的云团！暴风雨席卷大地，把树枝折断，刮走，直吹得尘土飞扬，树叶打转。

两大巨头在搏斗中卷成了旋风。

幸好人们预先知道了这样的天气，提前做了防范!

这场搏斗究竟谁胜出呢?

胜出的是北方气流。它在国内越来越远地向前疾奔而去。一路上它碰上了乌拉尔山脉，但是它们阻挡不了它。它从南面绕过它们，擦过里海奔向了沙漠。

一路上它发生了多大的变化！它曾经是潮湿的海洋气流，可是在沙漠上却变成了干燥、炎热的沙尘气流。

现在还有谁能将它和被它战胜的敌手南方气流区分开来呢!

就这样，两个隐身者横冲直撞，随身夹带着雨水、风暴、白雪和严寒。气象学家们如哨兵一样注视着隐身者的动静，向农庄庄员预报寒潮消息，向飞行员报告大雾消息，向铁路工作者预告积雪消息。

雪　花

“从前有一些雪花……”这个开头似乎直接把我们带进了一个童话故事，作者就是这么一个爱讲故事的人。你看，他运用了比喻、拟人的手法，让雪花有了装束，有了姊妹，形象生动地介绍了雪花的不同形状。

不只是雪，风也是有生命、有感情的，作者的想象真是太丰富、太独特了！

从前有一些雪花，它们出生在离地很高的雪云里。它们的生长速度不是以天计，而是以小时计。每个小时里它们都会变得越来越漂亮，衣着越来越华丽。它们彼此都十分相似，犹如姊妹一样，但是每一片雪花都有自己的装束。有一片雪花完全像六角形的星星；另一片则像有六个花瓣的花朵；第三片闪闪发光，像一颗六棱的钻石。

雪花长大以后就结成白色的群体飘向地面。它们是那么繁多，谁也数不清。

已经非常接近地面，然而风不让雪花平静地降落。它叫它们在空中打转，把它们向上抛，迫使它们在它狂野的乐曲声中跳舞。

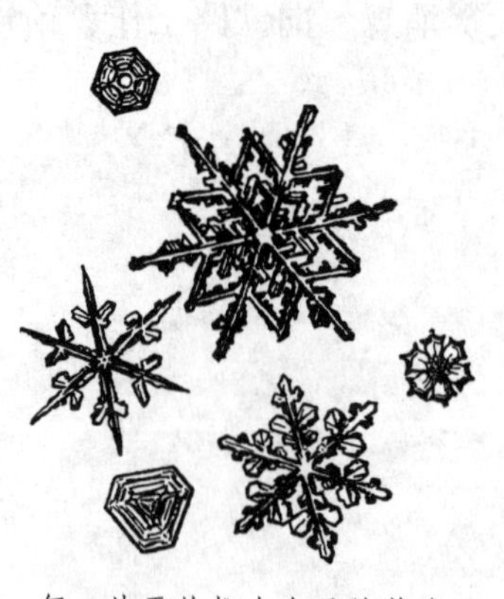

每一片雪花都有自己的装束

不过雪花还是一片接一片地到达了地面。它们考虑的似乎只是如何小心谨慎地降落，使自己易碎的装束保持完整。

一些雪花降落到收割过的田野上，另一些在森林里寻找自己宿夜的地方——在树枝上和树木

雪花犹如一床白色的被子覆盖了大地

下。有些在屋顶上落脚，还有一些偶然地降落到村间小道或城市的马路上。

它们的遭遇比其他的要差。

早晨来临的时候，行人开始在路上走动，马车和汽车在路上滚动。

白雪的花朵和星星在人们的脚下和车轮下融化，与粪便、干草和烂泥搅和在一起。

城市里展开了一场抗击冰雪的战争：它们被铁锹铲除，扫帚扫掉，机器清除。中午的时候街道上又露出了漆黑的柏油路面，仿佛冬天没有来过似的。但是不这样不行：积雪会影响电车的通行，减慢汽车行进的速度。可是农庄里却对纷飞的大雪喜出望外：秋雨连绵的泥泞结束了，可以将雪橇的滑木代替车轮，在平坦的雪路上奔驰了。

娃娃们用白雪堆雪人，用易碎的白雪的花朵和星星塑造雪婆婆笨拙的脑袋和身躯。

从天而降的白雪礼物并不是经常有的。得赶紧做，因为礼物容易融化。

经过一番历险，雪花终于落定了，或到了田野，或到了森林，或到了乡村，或到了城市……整个世界仿佛都被白雪覆盖起来了。

这一段用对比的手法，展现了城市与农庄对雪完全不同的态度：积雪会造成城市交通堵塞，市民出行不便，必须清除；但在农庄，积雪是从天而降的礼物，为人们创造了玩乐的新天地。

傍晚的时候，严寒给白雪帮了大忙。

它把娃娃们赶进了屋子里暖和的火炉边。

清晨白雪使周围一切银装素裹。

道路和街上的人们穿着毡靴行走，乘着滑木滑行。

人们听到脚下积雪的咔嚓声和滑木在雪上的吱吱声，心里乐滋滋的。谁也没有想到，这是白雪的花朵和星星的花瓣、尖角与枝条断裂时发出的咔嚓声和吱吱声。

那些不是在街上和路上，而是在田野上栖身睡觉的雪花，则觉得比较安宁。它们在那里很长时间内不会受到任何人打搅。农庄庄员们说：下雪真好。它保护秋播作物的青苗免受严寒的侵害。

为什么来到田野的雪花会觉得“安宁”呢？中国有句俗话“瑞雪兆丰年”，说的是“适时的冬雪预示着来年是丰收之年”。这是有科学依据的。冬季天气冷，雪不易融化，里面藏了许多不流动的空气，空气是不良导热体，这样就像给庄稼盖了一条棉被，保护庄稼不受冻害。等天气渐渐回暖，雪慢慢融化，又为庄稼提供了充足的水分。

假如不碰上风这个流浪汉，它们会像睡美人那样在同一个地方躺上整个冬天。风来到田野上东游西荡，开始卷扬和牵扯积雪。这时雪花就顾不上睡觉了。雪花只好挪动位置，跟着风一起上路。

如果不碰到迎面的沟壑，它们会沿着田野长久地奔波。

在山沟里，它们倒躲过了风的袭击。哪儿去找比这儿更安宁的地方！

为了避免风儿劫掠田野，刮走积雪，在它行经的路上放置了麦秸垛和树枝编的挡风墙

然而山沟里情况更糟。田野毕竟很空旷，山沟里却拥挤得很。每分钟都有一群群逃亡者不断地降临，它们相互推搡，彼此挤压。在挤压过程中，它们的花瓣和星角相继折毁。在这残破的雪花被压得严严实实的堆积中，谁也不能把一颗颗星星区分开来。

这时农庄庄员们掺和了进来。风把积雪从田野上刮走，对他们没有好处。春天来临的时候，田野需要融化的雪水，可是积雪都在山沟里。

于是庄员们决计阻止风把积雪从田间带走。他们开始在风经过的路上放置麦秸垛、树枝编的挡风墙。

风试图重新把雪花从田间带走，但是事与愿违，麦秸和树枝挡了路。

在森林里找到栖身之所的雪花是感觉最好的。

那里树木不许风入内，也不让它们自由游荡。那里谁也不会搅扰雪花的安宁。森林里静悄悄的。除非有林间的野兽在雪地上走过，留下自己的爪痕。

蓬松酥软的积雪在树木之间不断地增高。

田野里积雪的深度只到膝盖，可是在森林里走路如果没有雪橇，就可能没到腰部。

但是即使在森林里，雪花依然找不到安宁，它们无法永远保持自己的装束。那是怎么回事呢?

要了解个中原委，且待春天来临。

为了帮助庄稼留住“瑞雪”，庄员们开始了保护计划，与风展开了斗争。读到这里，你是不是觉得很有意思，在作者笔下，人与自然完全融合在了一起。

春天如何与冬天较量

白雪多次飘落大地。风暴多次像勤勉的清洁工一样把积雪扫进低地和沟壑。

太阳越升越高，停留在大地上空的时间越来越长。路面已经变得黑魆魆的：积雪早已从路上消退。

可是田野上依然保持着积雪。它顽强地击退阳光的进攻，用仿佛镜子般的盾牌将它们反射回去，因此望着它眼睛会感到刺痛。

然而这时太阳的一位盟友——风伸出了援手，从夏天已经获胜的地方带来了温暖。

于是太阳和风两者联手干了起来。

太阳用光芒打击积雪，风则用暖气将它吹拂。

积雪扛不住了，便开始退缩。

起初它只在暴露的地方，在田野上融化。那里是阳光和风自由驰骋的地方。但是低地、沟壑和沟渠里，它们轻易进不去。积雪就在那里躲避劫难，犹如在堡垒里一般。

旁边的田野里草儿已经返青，而一些地方的沟壑里积雪却坚守着阵地。不过它现在也不像自己了。

风儿和太阳联手干了起来，积雪开始退缩

常言道："洁白如雪。"然而这里的雪早已不再是白色的了。在自己漫长的一生中，它身上披上了一层粗糙、坚硬的外皮。这层皮脏得发灰。很难相信，这层又旧又脏的积雪曾经是白得发亮的一群蓬松的白雪星星。

很长时间以来它一直想吓退春天，不愿意遵守日历上的节令，但是世间万物都有各自的时令节气。

第三位盟友——温暖的春雨向太阳和风伸出了援手。

雨点开始击打、穿透积雪坚硬的铠甲。积雪变得千疮百孔，全身都是窟窿。坚硬的外皮下面，溪水在沟壑的底部奔流。

上面依旧保持着那层积雪的铠甲，但是它已经无可护卫，因为它下面已不再是雪，而是水。

然而不久连铠甲也末日降临：它断裂了，碎成了小块，融化了。

又旧又脏的积雪变成了血气方刚、身心快乐、歌声不断的溪流。

雪花是美丽的。但是反映着春日天空的透明水滴难道比它略为逊色吗？

林中的积雪进行着最持久的顽强抵抗。

那里耸立的松树和云杉犹如堡垒的一堵堵高墙，替积雪挡风。就连阳光也难以透过枝杈，透过叶丛。

然而即使在森林里积雪也只好退却，起先在林间空地，然后甚至在密林里。

尽管粗粗的树干不让阳光透过，可是阳光依然能够穿透，不是用光线，而是用热量。

从早到晚，太阳一会儿烤树干的这一面，一会儿烤它的另一面。于是树干变得越来越温暖。因此树干周围的积雪迅速地融化。

太阳给每棵树都绕上了一个黑圈。

就这样太阳、风和雨到处在驱赶积雪，从低地，从峡谷，从难以通行的密林。

喜欢睡觉的雪宝宝苏醒了，沿着垄沟、沿着车辙、沿着峡谷、沿着干涸的宽沟奔向小河。

水的奇异经历

小河冲破了封冻的坚冰，漫上了河岸。它变得那么宽广，简直难以辨认了。

一群群白色的冰块在河面上漂流。如果有一块卡在了岸边，其余的就从下面推它。如果一块冰撞上了另一块，它就在原地打转，或者侧身竖立起来，倒翻过去。

有些冰块上还能见到冬季乘雪橇过河时滑木留下的辙痕。看起来仿佛是冰块脱离了路面，漂在了河面上。冰块从小河漂到了大河上，大河又把它们带入大海。流冰期结束以后，河流又从两岸回归河道。水从河流到大海经过了很长的旅程。在旅途中，河水什么事没有做过！

它冲刷两岸，磨光石块，随身带走沙子和泥土，再用它们构筑小岛和浅滩。然而人们不允许河流为所欲为。

一群白色的冰块开始在河面上漂流

为避免浅滩妨碍船只的航行，挖泥船——一种能在水上行驶的巨大机器开进了河里，它挖深河底，打上几十斗的泥沙。

为了使奔流的河水不白白地浪费能量，人们让它把原木从森林送往锯木厂，用驳船运送货物。拦河筑起了堤坝，在坝上建起了水电站。

我们的河流上有大大小小的水电站。其中有一些规模宏伟的水电站，它们能将电力一举送往许多工厂、城市、农庄、铁路。也有只为一个农庄服务的水电站。

宏伟的水电站能把电力一举送往许多工厂、城市、农庄、铁路

河水在到达大海之前我们向它交代了不少任务。我们命令它沿着输水管走进千家万户。我们用水充满机车的锅炉，使它在变成蒸汽以后叫沉重的列车在铁轨上飞速奔驰。我们把水引向工厂，注入水箱和化学器械。我们把水注入冷却器，让它冷却汽车灼热的发动机。它为我们清洗街道，它浇灭大火……

就这样，还是在冬季以雪花的方式降落到我们森林里的水，现在来到了大海。而大海则为它打开了通往大洋的道路。

在大洋里，洋流把水带到了遥远的南方，带到中午的时候太阳直照头顶的地方。

灼热的阳光将水变成了水蒸气。它又重新踏上了行程，这一回走的是空中路线。

风把它从海洋带到了陆地，于是它以雨水和冰雹的形式降落到地面。

一颗冰雹准备外出做客

一颗冰雹掉到了地上，像小球一样蹦跳起来。

它是从哪儿掉下来的？从天上。

那它是怎么在天上长这么大、这么沉的？它是靠什么停留在空中的？

它自己会告诉你一切。只是趁它融化以前，得赶紧问。

你看有几颗冰雹滚到了灌木丛下面。应当拣一颗大点儿的。

现在赶紧把小刀拿来。

把雹子切成两半。你看到它的外层是透明的，像玻璃一样。中心是白的，像瓷器一样。

切开的冰雹

当然，这不是瓷器。瓷器可不会化。这是雪。至于玻璃，也不是玻璃，而是冰。

现在清楚冰雹是什么东西了：它本身就像雪人一样是由雪做成的。穿着的外衣全是冰做成的。

不过这颗雹子还不是最漂亮的。常见这样一些雹子，它们外面穿着三件至五件衣服，一件套着一件。里面是一件透明的冰衣服，冰衣服的外面是白色的雪衣服，雪衣服外面又是冰衣服。

它们在来我们这儿做客以前在哪儿这么打扮起来的？在自己家

里——天空中。

雹子的中心是一颗小小的白色雪糁子。这颗雪糁子住在高高的天空——雪云里。它开始向大地降落，经过的路程可不短。天空中有许多云团，上层的是雪云，稍稍往下一点儿是雨云。雪糁子在路途上飞入了雨云。雨云就送给它一件水衣服。水衣服在它身上冻了起来，便成了冰衣服。

那为什么它身上的冰衣服外面是雪衣服呢?

因为它没有马上从雨云向我们这儿出发，而是重新上升到了白雪世界。

它怎么又在哪儿弄到了一件雪衣服?!

你可要知道，它身上穿的不是两件衣服，而是许多衣服。就是说，它上上下下飞了很多次。

每一次它都穿一件衣服，外面一层是雪衣服，里面一层穿上冰衣服。它怎么会想到上上下下飞舞的呢？它可没有长翅膀啊。

是风把它向上抛的。除了风还有谁会这么做!

现在你已经知道雹子穿衣服的故事。为了到我们这儿来做客，它穿着打扮了很长时间。可是一旦来到，它的所有衣服就一件接一件立马融化了。

不过冰雹依然来得及告诉你它曾经的模样和自己的一路所见。

你从它那儿知道雨云的上面还有雪云。

以往你以为风只会或右或左，或前或后地吹动。现在你知道还有像喷泉一样自下而上运动的风，是它把冰雹往上抛，不让它在梳妆打扮时往下掉。

对飞行员来说，刮什么风，有什么云，尤其重要

对于在云层里或云层上飞行的人来说，刮什么风，有什

么云，尤其重要。

如果你也想成为一名飞行员，你就必须学习有关水和风的科学，使你的飞机在雷电大作的时候不被狂风折断，在寒冷的云团里机身不裹上一层冰壳，使你自己能在空中的航道上胸有成竹地驾机飞行。

一滴水的故事的结尾

就这样一滴水从天空掉到了地上。

它深深地渗进了土壤里，在那里被一棵大白桦的根须抓住了。水滴沿着白桦树干向上攀登，到达树叶上，同时随身携带了根须从土壤里获取的盐分。如果没有这样的盐分，任何一棵植物都无法生存。

到达绿色的桦树叶以后，水滴重新变成了水蒸气，消失在空气中。

那里它又来到了云层里。所以水不止一次在天地之间来回旅行。一路上它灌溉农庄的田地、牧场的青草，灌满水塘和水井，孩子们在水里游泳、划船。

是啊，关于它身上发生的故事怎么说得完呢！

水灌溉田间的庄稼、牧场的青草

水重新以一股股无形的水流渗进了土壤。它长久地在黑暗中钻来钻去，直到有朝一日成为一股清凉透明的泉水，重新涌到人间。泉水是溪流的源头。溪流奔向小河。小河把河水带入大海。水从大海又流入大洋。风又把它从大洋带到陆地……这个过程有没有个完?

问题就在于这个过程没有尽头。

年复一年，世纪复世纪，水在大洋到陆地、陆地到大洋这个圆圈里循环往复地旅行。在了解水的全部运动路线和所有脾性的同时，我们正在学习驾驭它，使它不成为我们的敌手，而是助手。

因为如果任凭水为所欲为，它就会造成许多祸害。如果不在它经过的路上拦起土坝，那么到春汛的时候它就会淹没城市。它会冲走桥梁，假如这座桥梁不牢固的话。

如果任凭水恣意横行，它会造成许多灾难

每一场解冻时的流冰都是对桥梁的考验。水能毫不费力地将一座蹩脚的桥梁从它立足的桥墩——木桩上冲走。如果桥梁被某几丛灌木或某一个小岛挂住，那倒还算好，否则水会把它冲成一根根原木。

如果桥梁是完全按照规定，按最高水位设计的，那就是另一码事了。它不怕任何春汛。

所以，即使是工程师，如果不知道介绍水、土地、空气、雪、云的关于大自然的文字，也行不通。

农庄里如何叫小河干活

一条小河流经村庄。一边的河岸又陡又高，另一边的河岸又低又矮。高高的河岸上耸立着一座座房子，低低的河岸上也有一排排房子。夏季人们涉水过河，冬季在冰上行走。小河欢乐地咕咕流淌着，总是急匆匆地赶路，一分钟也不停留。它似乎有许许多多工作要做，所以顾不上休息。其实它的工作说不上有多少好处。

水里鱼不多，娃娃们往往拿着钓竿坐上好久。可是钓的鱼都喂了猫，猫还吃不饱，因为水里的鱼很小。

夏天河水很浅，所以水性好的人没有地方可以游泳。

然而到了春天，河水又嫌太多。河水每天源源而来。住在高岸上的人倒并不感到可怕。但是低岸却被水淹了，河水泛滥到牧场上，成了一个辽阔的湖泊。房屋和树木立在了水里。人们从一家到另一家只能坐船。他们就这样在家门口的台阶上直接坐到船里。

农庄里人人都在忙自己的事，只有小河无所事事。

成年人在劳动。娃娃们在上学，玩耍，帮助干家务，到森林里去采蘑菇、浆

春汛期间乡村的道路变成了小河，人们从一家到另一家只能坐船

果。马匹驮运木柴、干草、粪便——任何要求它们运输的东西。农庄果园里的苹果树每年向人们馈赠整堆整堆又大又甜的苹果。田地和菜园、牧场和森林也忠实无欺地为人们效劳。没有田地和菜园，庄员们就没有面包和蔬菜、燕麦和亚麻。没有森林就没有造房子的木材和烧炉子的柴火。

人人都忙于事务。只有小河随心所欲地过日子，谁的话也不听。

于是有一次庄员们聚集在一起做出了决定：小河也应该开始工作。

可是小河能做什么呢？

它能做你吩咐它做的任何事情，只要善于教会它工作。它这样的劳动力谁都会喜欢。

小河能够在家里帮助做家务，在奶牛场帮助挤奶，在田间耕地，在菜园里给黄瓜浇水，还能做其他各种各样的工作：给黑麦脱粒，锯木材，在磨坊磨面，剪羊毛，甚至还会唱歌和讲故事。

你假如向河上望一望，马上就会发现它的力量非常大。春季里它甚至如此轻而易举地把大树冲走，仿佛冲走的不是大树，而是小木片。你在泅水过河时不得不与它抗争：本应笔直游，它却把你往自己要流去的方向带。

这样的力量白白地流失了！

怎么才能叫河流工作呢？

要做到这一点，必须在它奔流途中将它逮住，告诉它说：

“先把吩咐你干的事都做了，然后你再赶路做自己的事去。”

但是怎么把河流逮住，叫它停下来呢？应当用一堵高高的围墙——堤坝在路上将它截住。

假如它把这座堤坝冲垮，那怎么办呢？

那就要造一座河水冲不垮的堤坝。在底部打下两排坚固的木桩——用原木，再包上木板，形成两堵墙。两堵墙之间夯实泥土。这是为了不让水从堤坝里渗透过去，因为泥土是不透水的。

但是把堤坝建得整个儿连成一片，不留出口，也不行。

春天到了，太阳晒化了田野和森林里的积雪。融化的雪水汇成一条条小溪奔流入河。水涨得高过了堤坝，就会越过堤坝，冲击它。

为了避免发生这样的事情，应当在堤坝上留下出口。出口处应当有升降的挡板——闸门，以便在需要的时候放水。

庄员们在河上就是这样做的：选择一个离村子不远的适当地点，建造一座堤坝截断河水。

庄员们筑坝截断河水

河流依然汇聚四面八方奔流而来的溪水、小河的流水、地下的泉水。每一场雨都给它增加越来越多的水。

所有这些水都流到了堤坝跟前。但是水流在那里却不由自主地停顿下来，因为闸门是关闭的。

河水试图动摇木桩，但是由不得它：木桩深深地打进了底部，在原地岿然不动。这时河水开始寻找木板之间是否有缝隙。然而堤坝是有智慧的人建造的，没留下任何缝隙。

于是河水越涨越高。但是堤坝很高，河水无法从上面越过去。

水还在继续上涨。

水该往哪儿去呢？向前去不了，堤坝挡住了。河水只好屈服，留在原地。它在坝前高高地涨了起来，溢出两岸，淹没了周围地区。

人们拦截了河水，就把那里变成了水塘。水塘里堤坝前的位置深不及底，而水塘下游的河段则变得非常浅。

随心所欲的日子它过了多少年！它涨起来，溢出两岸，不是遵照人们的吩咐，而是按照它的习惯。突然间人们对它说："站住！"于是开始对它发号施令。

人们心里清楚，很难叫河流长久做自己的俘虏，因为水还将源源而来，眼看着它会越过堤坝，奔流入海。那么当初把它围起来干吗？拦截河流就是为了让它先把活干了，然后再离开这里游荡去。

所以人们给水塘开了一条小道——狭窄的沟渠，以便水流绕过堤坝，重新走上通向大海之路。而在这条小道上放置了一台带轮子的奇妙机器——透平①，只不过不是蒸汽透平，而是水力透平。在蒸汽透平里，动力是蒸汽，而水力透平里动力是水。

水流带动了巧妙的机器——水轮机

水乐坏了，因为终于让它自由了，于是沿着新的小道奔流起来。小道正好把它引入安装着轮子的那个陷阱。河水迅速向下冲入那个陷阱，在奔流过程中带动了轮子。

人们要的就是这一点。

他们可不是平白无故地将水轮机从城里运来的。在水轮机上方，他们用原木建造了一座小房子——发电站，在里面安装了能产生电流的机器。为了使这台机器工作，需要让它迅速转动。怎么转呢？如果像缝纫机那样用手摇，多少人的力量也不够用，所以水轮机这时就被人派上了用场。

河水在渠道里快速流动，哗哗地往下冲，带动水轮机的轮子。水轮机则带动产生电流的机器。电流在田野和牧场的上方开始沿着电线流动。这条电线庄员们事先已经架设好了。

他们把电线杆一根接一根笔直地竖起来，往上面挂上输

竖起了一个个电线杆，上面挂上了输电线

① 透平，即“轮机”或“涡轮机”“汽轮机”。

电线。

那么电流流向什么地方呢?

它从电站直接流向集体农庄。那里它进入每一个农舍：帮有的人用电茶壶烧水，帮有的人用电炉煮饭，帮有的人用电熨斗熨衣服。

电流进入奶牛场，便帮助挤奶工挤奶

就在这个农庄里，它又进入了奶牛场，帮助挤奶工给奶牛挤奶。

农庄的牛群里有一头奶牛的奶很难挤，因为它的乳房很紧。

挤奶工常常挤得很累。现在只要接通电动挤奶器，它就开始挤奶，而且挤得多快！奶牛场的工作完全变了样。一个挤奶工现在一下子能给两头奶牛挤奶——使用两个挤奶器。

但是电流会做的事还不止这些。

在羊圈里，电剪给绵羊剪毛，剪得可好哩，又平整又贴近皮肤。

在磨坊，它把麦粒磨成粉。在锯木厂把原木锯成木板。

庄员们眼睛看着小河，心里高兴，嘴上夸奖：

“咱们的小河真是样样会干的能手。每到夜晚它给我们送来光明，点亮家家户户的电灯：你尽情地读吧，写吧。要是我们想休息，它就在收音机里给我们播放爱听的歌曲，报道世界上发生的事情，还在电影院里放电影。夜晚无论电影院还是收音机，同样需要电流。”

从此小河就这样为农庄工作了。

你会问：叫小河工作的这个农庄在什么地方?

这个农庄离我们并不遥远。在

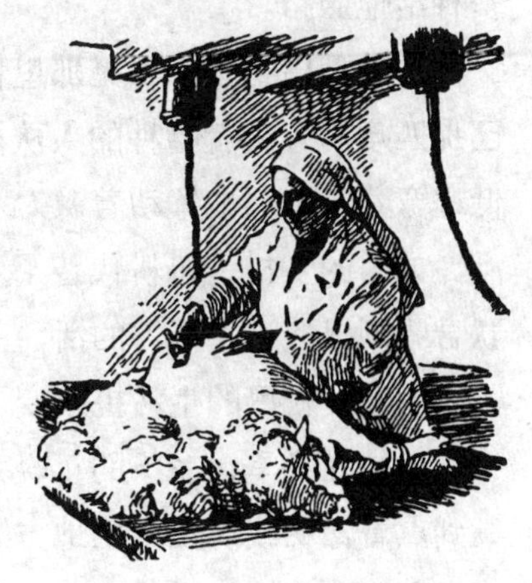
羊圈里电剪整齐地剪羊毛

从前乡村的面貌和城市截然不同

我国，人们叫河流帮自己工作的农庄有许许多多。

很多农庄里既有街上的电灯，也有家家户户的电炉，还有奶牛场的电气挤奶器。

不管你往哪儿望去，到处都有电流在工作。

此前乡村的面貌和城市截然不同。

不管你来到哪一个村庄，到处见到的都是相同的景象：弯弯曲曲的小街，树枝编结的篱笆，茅屋，熏黑的澡堂，陷在难以通行的泥泞中的大车，装有吱吱作响的辘轳或桔槔的井架。每到夜晚，某个窗户里亮着一盏煤油灯，街上则黑得连路也看不见，除非月亮怜悯行人，费神给他照路。

你走到田野里，只见那里耕地的人用尽全力压着木犁，吆喝着自己那匹瘦马，或者播种的人从箩筐里抓出种子播撒，或者收割的人低低地弯着腰单调地挥动着镰刀。

如今的乡村里机耕代替了木犁，播种机代替了箩筐，康拜因——联合收割机接过了镰刀的活。

如今乡村里的生活也改变了模样。

以往在冬季，乡下的年轻人每到夜晚常常朝有灯火的地方赶，聚集到点着松明或煤油灯的地方。如今许多农庄都已习惯于晚上在家里或街上亮着电灯。乡村里既有俱乐部，也有图书馆，还有学校。

神奇的仓库

世上有一座神奇的仓库，春季你放进一袋谷子，到秋季一看，仓库里原来的一袋谷子变成了二十袋。

一桶马铃薯在神奇的仓库里变成了二十桶。

一小撮种子变成了一大堆黄瓜、萝卜、西红柿、胡萝卜。

你曾经见过带两个小翅膀的种子吗？你对它吹一口气，它就飞了起来。这样的一颗种子落进了神奇的仓库，在那里安了家，你一看，先前落下带翅膀种子的地方，如今已有一棵枝繁叶茂的树，而且那么大，你一把还抱不住它。

这究竟是不是童话故事？

这不是童话故事。

神奇的仓库是事实上存在的。

也许你已经猜到它叫什么名字。

它的名字叫土地。

现在你坐在桌子边看书。桌子和书本是用树木制作的，树就是由落到地上的一颗小小的种子长成的。

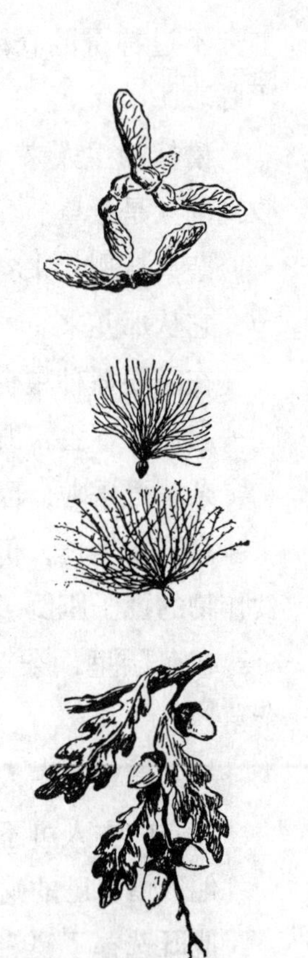

躲进神奇仓库里的种子、橡子、块茎变成了新的植物

你的衬衫是亚麻布做的。亚麻是由放进土里的种子长成的。

春天仓库被打开了——用尖利的犁开垦土地。

然后把种子放进土里——在田间播种谷物。与此同时，将仓库关闭——在播下的种子上面撒上土。

放进仓库的不仅有谷物，还有土豆和秧苗。

到秋天，主人来了，便来收取仓库里储藏的东西：堆成山一样的谷物、土豆、胡萝卜、黄瓜、白菜。

不过神奇的仓库只听从操心的主人吩咐，对糟糕的主人却不理不睬。

糟糕的主人来了，他没有收到粮食、胡萝卜、白菜和其他蔬菜，收到的只是杂草。

杂草从哪儿来？

它从那儿来。

在需要播种粮食的时候，糟糕的主人没有挑选良种，把什么都混在一起播了下去：既有用得着的粮食种子，也有杂草种子。

杂草可乐啦，因为把它也播了下去，仿佛它也就是黑麦和小麦。

它开始生长，但速度不是按天计算，而是按小时计算，于是把粮食作物的穗子压倒了，夺取它们的水分，挡住它们的阳光。

在菜园里，杂草也同样疯长。应当给一畦畦的蔬菜浇水，拔掉杂草。

然而糟糕的主人却不给菜地浇水，于是菜地里只有杂草在生长。

操心的主人可不那样做。

他珍惜自己的财产，不会对它不管不顾。

他既选择了良种，又根据需要给土地施肥，把土地耕得深深的，还及时地收获庄稼，不让一颗粮食丢失。操心的主人不让杂草在田间和菜园里生长，把它当作最凶恶的敌人，和它作战。

这就是神奇的仓库给予操心的主人多而给予糟糕的主人少的原因。

结论是什么呢？结论是如果不花力气，就是最神奇的仓库也创造不出奇迹。假如付出的劳动既出色又和谐，那么不用等待奇迹也会来。

许多地方建立了帮助农民的拖拉机修理站，这些站里有许多功率强大而且干活灵巧的机器。

农民用木犁耕地

一台机器管耕作，另一台管播种，第三台管收割，第四台管脱粒——把谷粒从穗子上打下来。

但是打下的麦粒里会混杂着灰尘、穗子的碎屑、麦秸和泥土。这时第五台机器——风谷机——把灰尘吹走，将麦粒从筛子里筛出，从而与麦秸、泥土和瘪穗分离。

还有将杂草种子从麦粒里挑出的机器。

需要耕地的时候，从拖拉机站开来装有大犁的拖拉机。

需要收割的时候就招康拜因来帮忙，这可是一个干活十分麻利的劳动力，一下子担当起了许多工作：割麦子，脱粒，风谷，将麦子装袋。

我们的工程师还发明了其他令人叫绝的机器。

土豆一般是手工种植的。工程师却发明了土豆种植机。机器在地里开，自动开出了犁沟，自动从箱子里取出土豆，自动把土豆扔进地里，自动盖上泥土。

工程师还发明了能种秧苗的机器。它一次能种下六棵小幼苗，而且当时就给每棵幼苗浇上水，使幼苗能吸收到水分。它再向前一步，就又栽下六棵秧苗。

你看，这是多么好的保姆，一下子照看六个小宝宝。

工人们也制造了许多新机器。

农庄的田野上，工作一年比一年做得更好更协调。

以前农民们从来都无法知道土地能不能让他吃饱饭，粮食的收成好不好。如今人们不必等待大自然的馈赠，而是命令它提供人们需要的一切。人们培育出许多优良的植物新品种，把沼泽变为旱地，灌溉无水的沙漠。

工程师发明了土豆种植机

为了奖励人们的劳动，神奇的仓库——土地——给予他们越来越多的粮食、苹果、梨子、蔬菜、亚麻、棉花。

麦粒的敌与友

麦粒有各种各样的敌害。假如没有许多强大的朋友，它很难幸存下来。

现在就来讲一个麦粒的敌与友的故事。

当麦粒刚刚开始往粮仓里运的时候，凶恶的盗贼已经等在那里了。体形最大、样子最可怕的盗贼是褐家鼠，一种牙齿锋利的灰色老鼠。

褐家鼠从隔壁的房子来到粮仓，居住在地下室。

冬天它总是设法住到屋子里靠近炉灶的地方。它的祖居地在炎热的地方，它不耐寒。所以不难理解，它的皮毛很轻薄，耳朵和尾巴完全没有毛。

夏天褐家鼠溜进了“别墅”——粮仓，以便就近弄到吃的。

这样它就一辈子在人的身边当食客。人造了房子，人生了炉子，人播种了粮食。而褐家鼠则住在这屋子里，在炉灶边上取暖，吃着不是自己播种的粮食。

粮仓里还有麦粒的另一种敌害——非常灵活的一种小老鼠。它冬天也住在屋子里，所以它被称为家鼠。夏天它去往菜园里，在那里替自己挖好洞穴，就像它的亲戚田鼠一样。到秋天，它便钻进粮仓里，那里远离潮湿的地方，粮食却近在咫尺。

第三种敌害个头非常小，但是有一个非常非常长的鼻子，所以它被叫作象甲虫。象甲虫住在板缝里。它不喜欢通风的地方，总是在阴暗、肮脏的地方藏身。它蹲在板缝里候着，看粮食是不是快要进

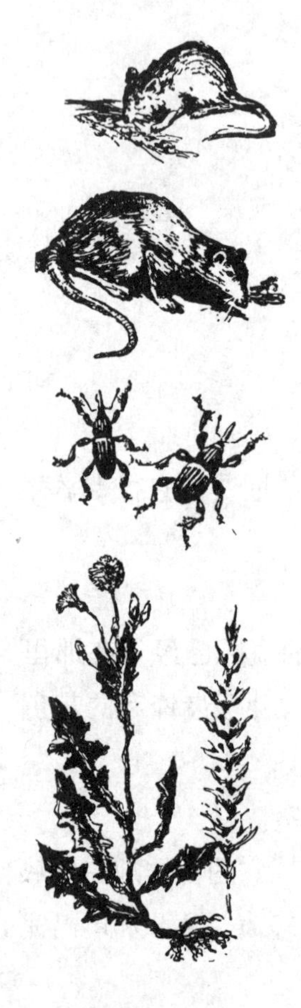

麦粒的敌害：小小的田鼠、牙齿锋利的灰鼠——褐家鼠、身上有条纹的甲虫——象甲虫、杂草——苦苣菜

仓了。

如果让它为所欲为，它会把所有的粮食糟蹋掉。因为不仅它自己吃粮食，而且它的孩子们也都是饕餮之徒。雌虫在麦粒上钻一个洞，把卵产在里面。它一共产两百个卵，就是说，它要毁掉两百颗麦粒。从卵里面生出一条没有脚的小蠕虫。它蹲在麦粒里，把麦粒吃空。

麦粒还有其他敌害——杂草的种子。它们和麦粒一起从田间来到粮仓。

当麦粒还在生身的麦穗里像睡摇篮一样摇晃的时候，杂草就在拼命地夺取麦穗的水分，遮挡它的阳光。

田间最常见的杂草是野燕麦和麦仙翁。野燕麦样子像燕麦，所以这样称呼它。但是燕麦的颗粒饱满，燕麦粥营养那么好不是毫无道理的。但是野燕麦却毫无好处，只有害处。至于麦仙翁你也许不止一次在黑麦和小麦的穗子之间见到过。它暗红色，叶子狭狭的。它似乎比野燕麦还要糟糕：它的种子有毒。

褐家鼠、家鼠、象甲虫、杂草，所有这一切都是麦粒的敌害。

然而最为凶恶的敌害要数黑穗病的真菌。小麦还在田间开花的时候，它就想往麦粒里钻。

黑穗病的孢子像看不见的灰尘一样随风飞扬。假如它那微小的粉尘——孢子落到花上，它就开始发芽：长出长长的一根根线。当穗子开始结实的时候，这些线就钻进麦粒里，使它受到感染。

麦粒有许许多多敌害，但是麦粒依然没有灭亡，因为它有强大的朋友和卫士。

褐家鼠和老鼠进入谷仓的时候，它们遇见了可口的饭菜。有人为它们准备了珍馐美肴：加了油脂和糖的黑面包。

可是它们的盛宴没有延续多久：美餐是放了毒的。褐家鼠和老鼠因自己的贪婪而送了命。

于是在粮食进仓的时候，那里已经既无老鼠，也无褐家鼠了。

是谁使缺乏保护的麦粒避免了凶恶敌害的侵害？做这件事的是麦粒的朋友——土地的主人，农庄庄员。

治象甲虫也有招。在粮食从田间运入谷仓之前，扫帚和穿堂风就开始在谷仓里游荡。象甲虫在这里的日子难过了，因为它不喜欢清洁和新鲜空气。

是谁打开了谷仓的大门，是谁无情地从板缝里清除了象甲虫？

仍然是麦粒的朋友——农庄庄员。

为了彻底消灭象甲虫，庄员们往谷仓的墙壁、地板和天花板上喷洒了一种刺鼻的液体——碱液。

农庄庄员最难进行的是与杂草种子的战争。它们企图和麦粒一起进入谷仓，说它们也是种子，它们和小麦的种子难以区别。

不过农庄庄员不是那么好对付的。他们马上发现，虽然杂草种子与麦粒有些相似，但不尽相同。野燕麦的种子要长些，麦仙翁的种子则要短些。

麦仙翁

但是如何从数不胜数的麦粒中剔除混入其中的杂草种子呢？

在送往谷仓的路上，庄员们安装了一台过滤机。

居住在农庄的孩子们该不止一次见过这样的机器，它的名字叫选种机。

麦粒从上面撒入选种机。那里面鼓风机的风叶在转动，就像风扬机一样鼓动着空气。气流吹走尘埃、穗子的碎屑和最轻的杂草种子，使它们同麦粒分离。麦粒比较重，气流带不走。它落到了筛子上。筛子振荡着，将麦粒筛落。细小的石子和土粒则留在了筛子里，麦粒却

野燕麦

能从筛子眼里通过。

那么那些不请自来的客人——野燕麦和麦仙翁怎么办呢？气流也带不走它们。它们能够和麦粒一起通过筛子眼。如果在它们经过的路上不安装一个过滤器，它们同样会和麦粒一起装进袋子。这样的过滤器能自动按长度区分种子。

这是怎么样的一种过滤器呢？它又怎么区分哪一种种子长，哪一种短呢？它可不长眼睛啊！要明白这一点，先得好生瞧瞧它。它的样子像一个鼓。在这个生铁鼓的内部，鼓壁上能见到许多小凹坑——网眼。

网眼的大小不一。一些能容下较长的种子，另一些小一点儿，用以容纳较短的种子。种子在鼓里经过的时候，鼓用自己的网眼先把较长的种子挑选出来，再把较短的挑选出来。鼓在旋转，卡在网眼里的种子升到上面以后便被倒了出来，落进了斜槽。它们沿着斜槽离开了机器。麦仙翁的种子从这里落进一个地方，野燕麦的种子落进了另一个地方，小麦种子则落进第三个地方。

麦粒撒落到选种机里

当然在看到机器之前这一切都不大好理解。你不妨在机器工作的时候瞧瞧它，马上就会什么都一清二楚。

那么庄员们如何使麦粒免遭黑穗病的侵害呢？能战胜它吗？

对付黑穗病不那么容易。它蹲在麦粒里，而麦粒是准备播种用的。

不过庄员们还是找到了对付黑穗病的办法。

为了消灭它，庄员们先把麦粒在热水里浸泡，然后将它弄干。

这样，庄员们既战胜了褐家鼠、家鼠，又战胜了象甲虫、杂草，还有黑穗病。它们想用狡猾的手段胜过庄员，却败在了他们手下。但是麦粒还有其他更加可怕的敌害。它们对麦粒的攻击不在谷仓里，而在田间，正当播种的时候。这可不是一般的麦粒，而是精选过的，是储藏在谷仓里准备播种的。

播种以前，庄员们用犁翻耕土地，施上肥料，耙松犁沟。这使紧密、压实的土壤被粉碎成小土粒。

这时种子进入了土壤。起先它处于休眠状态，毫无动静。

但是它睡眠的时间不长。种子吸收水分后膨胀了，发芽了，开始用根须吸收水分，小茎向上破土而出，来到世上。

小茎破土向上长，用一片窄小的绿叶望着外部世界。旁边又长出相同的一片叶子，然后一片接一片，越来越多。田间盖满了碧绿的秧苗，似乎一切都进展顺利。但就在这个时候，敌害重新向小麦发起了进攻，小麦的秧苗之间有的地方长出了杂草。

你看它们有多顽强！

为了对付它们，什么办法没有用过：用过滤器捕捉它们的种子，用犁耕地将它们压死！可仍然有一些得以安然无恙地存活下来。它们就在田里发芽，而且拼命生长，长得比小麦快。

庄员们只好和它们重新开战：毫不留情地将它们从土壤里拔掉。难怪人们常说：叫杂草从土壤里滚蛋！

小麦开始生长，发根，分蘖，积蓄力量准备过冬。

小麦是越冬作物，它面临着一件不轻松的事——在白雪覆盖的田间过冬。

冬天开始了。和往常一样，冬季的来客——白雪和严寒临门了。不过严寒才是小麦的敌害，白雪却是它的朋友。

由于严寒，绿叶变成了褐色，卷缩起来。严寒也会使小麦遭殃，幸好天上下起了雪，它像被子一样覆盖了田野。

小麦开始感到暖和起来。

但是风却来给严寒助威了。风竭尽全力吹刮起来，开始掀掉盖在田野上的被子，将积雪吹到山沟里去。

还好，小麦经受了过冬前的锻炼。但是即使受过锻炼，小麦要抵御严寒，也不容易。

严寒变得越来越凌厉。风越刮越大。

如果没有庄员们的帮助，小麦便会一命呜呼。

他们不可能对风说："你别吹了！"他们也不可能对严寒说："你别再冷下去了！"

但是他们却做了另外一件事：在田间到处摆放用树的枝叶、树枝条编织的挡板，用麦草垛、向日葵的茎秆组成挡风的障碍物。

风想在田野上游荡，刮走积雪，但是事与愿违，不管它吹向哪里，到处都有障碍物，不让风雪任意游荡。

春天到了，积雪融化了。融化的雪水渗入了土壤。这下庄员们高兴了："幸好我们在地里把积雪保住了！我们保护小麦免遭严寒的摧残，还帮它储存了夏季到来前的用水。"

这些障碍不让风刮走田间的积雪

然而夏季来临了，与此同时来临的是新的敌害——炎热。

从沙漠里吹来灼热干旱的风。小麦开始感到缺水。如今它比以往更需要水分，因为它已经长大。它的茎高高地挺立在地面上，茎上抽出了麦穗。面对炎热，小麦需要喝水，然而此时几乎无水可喝。要是能下一场雨，一切都可以得救了。可是天空没有一丝云彩，对雨水无可指望。

眼看着小麦就这样枯萎下去，因缺水而死亡。这时农庄庄员向它伸出了援手。

庄员们知道应当给土地供水。可是怎么供水呢？

对乌云说："下雨吧！"乌云不会听。

不过庄员们依然能得到水——不是向乌云要水，也不是向天空要水，而是向土地要水。他们先前已经筑起一道土墙——堤坝，隔断了通往田间的山沟。一条小溪流经山沟，溪水到达坝前时开始上涨。一个水塘形成了。

于是庄员们从这个水塘开一道水渠，把水引到小麦地里。

小麦的茎秆长得很高。沉甸甸的金黄色麦粒在每一个穗子上成熟。收获的季节到了。

这时，仿佛作对似的，天空开始布满乌云。雨终于下了起来，但来得不是时候。假如庄员们收割的时间延长得很久，他们就要吃苦头了。秋雨会一天接一天地淋到垛成堆的麦子上。麦粒会在地里浸湿、发芽、腐烂。但是庄员们没有马虎，他们叫来了康拜因。

很快，这里的工作热火朝天地干了起来。康拜因在田间行驶，宛如一艘舰艇在麦海航行。康拜因司机的小红旗一挥，卡车就开到了它前面。麦粒像巨大的水流一样流进了卡车。

庄员们就这样战胜了麦粒的所有敌害：褐家鼠、家鼠、象甲虫、黑穗病、杂草、严寒、炎热、大风和秋雨。

为此，麦粒也奖励了自己的主人和保卫者：播下的每一颗麦粒都长成了许多个麦穗，每一个麦穗又长出了许多麦粒。

现在，当粉红的面包皮在你的齿间发出松脆声响的时候，你应该记起智慧勤劳的人，记起我们土地的主人——拥有土地的农庄庄员们。

然而你应该记起的不光是他们，小麦还有其他强大的朋友和同盟者——科学家们。

我们的科学家孜孜不倦地工作，用各种方法解决一个接一个课题，设法使土地提供尽可能多的粮食。他们已经取得了很多成就。

比如说他们想出了加速小麦成熟的方法，于是在草原地区小麦能够在燥热风吹起之前成熟。

他们为北方地区培育了非常耐寒的小麦品种，学会了将它及时播种，使它即使面对西伯利亚的严寒也毫不畏惧。

一位老科学家和
凶恶的燥热风的故事

从前，当你的爷爷和你现在一样年轻的时候，我国有一位大科学家。从外表看，他已经老了，因为他蓄着花白的大胡子。但是他总是腰板笔挺，一双眼睛显得年轻而机敏。这双眼睛能看见不是任何人都能看见的东西。

科学家在我国步行和乘车走过了好几千公里的地方，研究着森林、草原和高山。

他到草原上去得特别多。

你当然知道草原是怎么一回事。那里难得见到树木。那里你的目光所到之处，无论什么地方，要么是野草，要么是田间的庄稼。夏天科学家在长满干燥扎人的野草的原野上徘徊，心里想道："为什么春天的时候这里水多得不能再多，可现在最需要水的时候，水却不够了？"

春季里田野上、沟壑里到处奔流着欢乐的溪水。积雪刚刚退去，草原上便开满了鲜花。鲜花一茬接一茬，彼此交替着。草原上有时一片紫色，有时一片蓝色，有时一片红色。

可是夏天它就很难看，变成一片褐色，因为炎热使草儿枯焦了。田间的麦穗也干枯了，因为它们吸收不到水分。这时还要加上从沙漠刮来的凶恶的燥热风。它用自己的气息吹枯田间的庄稼，使灌木的叶子卷起来。国内出现了饥荒，因为许许多多人要靠草原提供的粮食来养活。

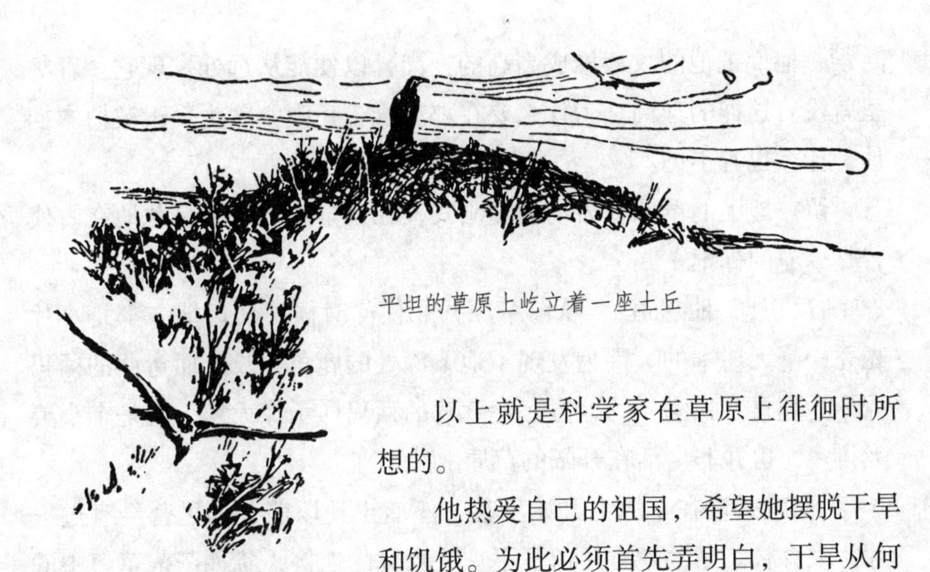

平坦的草原上屹立着一座土丘

以上就是科学家在草原上徘徊时所想的。

他热爱自己的祖国，希望她摆脱干旱和饥饿。为此必须首先弄明白，干旱从何而来，如何战胜它。

科学家询问了村里的老人：

“草原一直像现在这样的吗？”

他们回答说：

“一直如此。在我们的祖父和曾祖父的时候就是如此。”

老科学家只是摇摇头。

“不对，”他想道，“这里一定有不对头的地方。世界上任何事物都在变化，草原曾经也不是这番模样。”

那么它曾经是怎么样的呢？

要弄清这件事，必须学会跨越许多年、许多世纪，这种跨越绝不亚于在大地上行走。科学家并非童话里的魔法师。他心里明白，要在时间的道路上跨越千年，深入到久远的过去，这比步行一千公里困难。但是科学家善于学会这一点。

他仔细观察草原上的一切——兽类和鸟类、沟壑和河流、鲜花和野草。他注意每一个被自己的洞主旱獭废弃，又被土覆盖的洞穴。他仔细观察像链条一般向远方延伸的连绵丘岗。

科学家知道，凡是平坦的草原中间耸立起一座翠绿丘岗的地方，那里就是千年以前的草原的景象。古代的草原居民在埋葬自己首领的时候，他们把他的坟墓堆成高高的丘岗，以便能从远处发现它。森林里就没有这样的丘岗。为什么要在那里堆土丘呢？因为反正被树木挡住，什么也看不见。

留在地下的草原啮齿动物的洞穴，在科学家看来也是此地在古代曾是草原的标记。

“反正，”他想道，“从前草原并非任何时候、任何地方都是一片光秃，毫无树木的。因为发现了地下深处的鹿角，长长而弯曲的猛犸獠牙。鹿喜欢长满树的地方。毛茸茸的猛犸样子像大象，但是个头要大得多，也并非生活在开阔的草原上。

“那就是说在草原上开始堆起一座座土丘以前，那里曾经有过一片片大森林。某些地方还留下了这些森林的遗迹，犹如茫茫草海中的一座座树岛。”

科学家沿着一条草原小河别斯沃特卡高峻的陡岸来回踱步，心里感到纳闷：看起来这条河并不宽，像一条狭窄的带子流向下游，可是它在草原上为自己开辟了如此宽阔和深邃的道路。你看，离对岸有多远！这条别斯沃特卡河的河谷就如一件过于宽大的衣服罩在了别人的肩膀上。

科学家弯下腰捡起一块卵石，它显得光洁圆润，犹如一颗用剩的肥皂头。

是谁将它冲洗、磨砺成这样的？当然是河流，绝对不会是别的什么人。但是河流在很深的下方流淌。这颗卵石怎么会来到这里，而且还有很多其他这样的卵石？

显然河水的位置曾经要比现在高得多。

这是非常久远的事情，比人们给河命名还要早。难道他们会将一条水很深又很满的河流称为无水河[①]吗？

这条无水河在草原上有许多与它相似的姊妹河：干涸的奥尔日察

① “别斯沃特卡”在俄语中意即“无水”。翻译中无法音意兼顾，下文中出现类似的名称时，译文中在音译后面用括号注明其意。

河，干涸的里比扬卡河，干涸的戈尔特瓦河、涅介恰（不流）河、涅佳嘎（无漂流）河。说它“干涸”，因为夏天河水枯竭了。说它“不流”，因为那里不再有水流动。说它“无漂流”，就意味着它不再流送东西，因为连一块小木片都无法在那里漂流。

于是河流的名称、布满洞穴的土丘、猛犸的獠牙、河岸上的卵石，以及科学家还没有弄明白的其他许多特征，都告诉他从前草原是什么模样。他的眼睛看到了别人没有发现的东西。

他在过去几个世纪之间徜徉的时候，见到了什么？

他看到从前草原呈现的完全是另一番模样。许多地方都曾耸立着高大的森林，而如今一棵树竟成了那里的稀罕之物。河流的水量也曾经相当充沛。未经开垦、无人触动的草原上大地被如毯子一样厚实的陈年腐草所覆盖。每年春季新生的绿色草茎穿透这层毯子向上生长。

草原居民——黄鼠

当时草原并不遭受干旱之苦。河流之间高处的森林使积雪不会过快融化，迅速奔流入河。融化的雪水一天接一天地渗入土壤。毯子一样的腐草层如海绵一般吸收着水分，将它积蓄到夏天。所以草原上的草长得高到人的胸口。

然而人几乎把所有的森林都砍伐了，于是没有什么能保护积雪免受灼热阳光的照射。

人们开垦草原，大地就失去了由如茵的草皮组成的衣衫。

积雪开始迅速融化，急剧流淌入河。河里的水也没有留在原地不动，它流向了更远的大海，而那里本来水就很充足。

溪水欢乐地奔流，然而人却因此而欢乐不起来。溪流不仅把水带走，而且把泥土、土团以及土壤的微粒也带走了。

从前这里的地面上有过一条不大的沟，如今它变成了一条大冲沟，再经过相当时日，冲沟将会变成一条深深的峡谷

溪流不是偷偷地窃取，而是公开地抢掠，在所有人的眼皮底下把土壤带走，将河流弄脏。河流尽其所能把一切带入了大海。

当然对海草来说，这是非常有益的。可是长在地里的野草和麦穗日子却很不好过：它们能吸收的养分所剩无几了。

溪水沿着大大小小的沟壑奔流，使它们变得越来越深，冲成自己的河床。你看，小沟变成了冲沟，冲沟变成了峡谷。峡谷变得越来越宽，它的两边变得越来越陡。整个夏天峡谷都从田间吸收水分，那里的黑麦和小麦本来水分就不够。

这就是科学家在走回到既往，徜徉在时间道上时所见到的。

不过科学家不仅善于走向既往，而且善于走向未来。

他相信这样的时间一定会来临，到那时，在他的祖国，人们将变成土地理智的主人。他们将会懂得森林和草原是他们的朋友，而燥热风则是敌人。也就是说，为了不让燥热风侵袭田地，应当以林木为墙，挡住它的来路。

草原上尚有森林的地方，需要停止采伐，还需要在没有林木的地方植树造林。

燥热风从沙漠吹来，但是它遇到了由橡树、枫树、松树繁茂的枝叶组成的绿色屏障。这不是一道薄薄的屏障，而是厚实的屏障，厚度达很多米。燥热风开始从这道屏障里挤过去。这道屏障的所有枝叶开始哗哗作响，把气流粉碎成一条条细流。

森林里总是浓荫蔽天，清凉而湿润。这就表明灼热的风进入森林以后会冷却下来，变得不那么干燥和灼热。

林木的屏障就将这样保护田地免受自己的敌害——燥热风的侵害。

春季里，森林将保护和积蓄雪水，不使它一下子流失，使它到夏季也够用。

然而这还不是问题的全部。要使草原免遭旱灾，应当筑坝拦截峡谷：使之不从土地里吸走水分，而为田地积蓄水分。

这样就在峡谷里出现了水塘，从水塘里可以取水为田地、菜园、瓜地所用。

这就是科学家在草原上徘徊时所想的。

应当告诉你，正好在这个时候——六十年前——国内发生了前所未有的旱灾。草原上所有的庄稼都枯死了。农民们没有了糊口的东西。

人们将一种叫滨藜的野草用开水煮，煮出来的东西像泥浆，往这泥浆里撒上少量面粉。要知道每一撮面粉都必须十分珍惜，因为面粉快用完了。再往里面加入泥土和草木灰，以便使面团发得大些，就去烤面包了。

你吃上一口这样的面包，准会吐出来。连鸡吃了这样的面包也会死。人吃了野草做的面包，接着就生病，死亡。

老科学家无法心安理得地眼看着人们遭受痛苦，眼看着疲惫不堪、饥肠辘辘的人们成群结队地从乡村来到城市，在窗口乞讨：“请给饥饿的人一点儿吃的吧！”

为了使饥荒不再重演，科学家知道该怎么办。

他写了一本有关这方面的书，起名《我们草原的昔日与今天》。他在这本书里告诉人们草原以前是什么样子，现在变得怎么样，它应该是什么样子。

你知道那时候俄国还有沙皇，非常多的土地属于地主。每一个地主都随心所欲地做事。当他需要金钱的时候，他就在自己的田产上砍伐森林，将它卖掉。谁也不能禁止他这样做。

年复一年地在土地上播种庄稼，这对土地是有害的。不让土地休整，开垦了再开垦，直到土壤里的团粒都变成了粉末。

土壤里的团粒不是毫无意义的东西，它们非常有用。团粒能储蓄水分。在团粒结构的土壤里，微生物——细菌能更好更快地工作，它们能把死去的茎和根变成植物需要的养料。

为了使土壤保持团粒，有时应当在田间播种多年生牧草来代替庄稼。在草的作用下，田地暂时重新变成了芳草萋萋的草原。你一看，土壤得到了恢复，变成了有团粒结构的土壤，这时又可以播种庄稼了。

但是地主认为这不合算。他们觉得年复一年地播种庄稼，出售粮食，好处要多得多。

而农民却没有文化，他们不知道有关土地和土壤的学问。再说就是知道，凭那一把木犁，在自己可怜的一小块地上歪歪扭扭地耕地，他们又能怎么样呢？

他们脑子里想的只有一件事，就是可别饿死。

老科学家在自己的书里写道，糟糕的主人不会给国家带来好处。他提醒说，没有科学是摆脱不了饥饿的。他对地主们说：“只考虑自己的利益，与科学和全体人民的需要背道而驰，这是犯罪。”

要是换了别的时间，谁也不会注意老科学家的建议。但是当时正好发生了可怕的饥荒。沙皇的官员们吓坏了。他们划拨一块位于伏尔加河和顿河之间的草原给老科学家做试验。这块地方名叫卡缅纳亚草原。当时燥热风是那里特别频繁的来客。

老科学家住进了卡缅纳亚草原上一间农家草屋

老科学家住进了卡缅纳亚草原上一间农家草屋。这间草屋至今尚存。

工作在草原上开展起来。在科学家指示的地方种上了树木，峡谷里筑起了水塘。

树木栽成一条条林带，林带之间留下四边形的土地作为耕地。

但是工作刚刚开了个头就中断了。在沙皇俄国，一些官员管理土地，另一些官员管理森林，他们怎么也说不到一块儿。

老科学家向他们解释：

“我需要林带是为了保护田地免遭燥热风的侵袭。请拨给我用于试验的资金，以便在卡缅纳亚草原的林带之间开垦土地和播种。”

但是一些官员说：

“我们不管土地，我们只管森林。”

另一些同样什么也不想听：

“我们不管森林，我们只管土地。”

时间一年年过去，官员们依然说不到一块儿。

老科学家生病了，由于伤心，也由于在捍卫自己心爱的事业时被迫大量工作和抗争。在科学家死后，这件事就完全无声无息了。

如今卡缅纳亚草原上什么都和那时候不一样了。

如果你从飞机上俯瞰下去，一道道黑黝黝的林障和它们之间的一块块四边形田地马上扑入你的视野。

往昔像暴露的伤口一样张开口子的峡谷，如今是一个个水塘，上面布满了绿荫葱茏的乔木和灌木。一群群鹅在水塘里浮游戏水。往昔是一片被太阳晒成褐色枯草的地方，如今品质优良的小麦正抽出高高的麦穗，或者数以千万计的向日葵的花盘正迎日转动。黄色的田地和覆盖着多年生牧草的四边形绿地彼此交替轮换。

这里的一切都按照科学的要求进行。燥热风通往这里的入口被堵住了。在最干旱的夏季，这里的田地、瓜地、菜园依然供应着小麦、黑麦、西瓜、甜瓜、黄瓜！

假如你重新坐上飞机继续沿草原飞行，你会在许多地方看到一条条保护田地免遭燥热风侵害的林带、长满树木的峡谷、水塘和灌溉渠。目睹这一切的时候，你也许会想起老科学家的姓名——瓦西里·瓦西里耶维奇·朵库恰耶夫，他曾经在草原上徘徊，思考着如何将它改造。

我们城市里的事

我们的街道是怎样建成的

我们的街道真棒！它虽然地处城市边沿，却不比市中心的差。所有的房屋都一模一样，又高大又漂亮。院子里有游戏场、树木、花坛和长椅。

我们街上最大的房屋是7—17号楼，不过1—5号楼也不小。在蓝莹莹的灯光下，白色门牌上的这些数字对善于读懂它们含义的人来说，可是意味深长呵。

通常街道两旁房屋的门牌号是按顺序编排的。一边用的是奇数：1，3，5，7，9……另一边用的是偶数：2，4，6，8，10……可是我们这儿所有号码都是两个数字编排的：1—5，7—17，19—25。

为什么会这么编排?

这事儿说来可有年头了，一下子是说不清的。

如今高大的新楼林立的地方，若干年以前都是些矮小的木屋。

这些木屋已经存在很久，由于又老又旧，难以再为人们效劳了。一座小屋的四壁歪斜了；另一座的屋顶摇摇欲坠，它再也无力抵挡雨雪的侵袭了；第三座门口的台阶朽烂了，人们不得不越过前两级台阶跳上第三级。娃娃们对此倒

我们的街道

满不在乎，大人却牢骚满腹了："这样走路还不叫人累死！"

你要是和老住户聊上一会儿天，他们会告诉你从前住在这些小木屋里的人日子是多么艰辛。

如今耸立着高楼大厦的地方，往昔只是一座座小木屋

只有在主要的街道两旁、市中心，才建造有敞亮的房间、有电灯、有自来水的好房子。那里的住宅价格昂贵，工薪阶层买不起。

在市中心，房屋的窗户和大门上经常能见到绿色的招贴。这表示房屋空置，正在招租。

可是在我们这条街上，屋子里拥挤得连转身都困难。每一个小房间里住着两家人，彼此用一块印花布的帘子分隔。往往有这样的情形：一间小斗室里有四个角落，每个角落住着自己的房客。气闷，嘈杂……

在这些屋子里成长的孩子生活贫困、瘦骨伶仃。他们没有玩耍的地方：院子里垃圾满地，露天的污水坑臭气熏天。马路的路面未经铺砌，到秋季就无法走路。取水得用扁担和水桶到河边去挑，弄不好在河岸的泥地上失了脚，就把桶里的水泼了。电灯压根儿就没有。夜晚人们坐在白铁皮煤油灯下，灯火放出的亮光还没有冒出的烟黑多。

这些都是在那个时代的事，当时整个俄国由工厂主和地主说了算，他们就是在市中心占有住宅和高楼大厦的人。

不过现在工人成了国家的主人，就着手改造城市，让劳动者都住上好房子。许多城市大为改观，变得叫人认不出来。

暗淡的煤油灯放出的亮光还没有生成的烟黑多

当好久没有来莫斯科的许多人

来到此地时，他们简直不相信自己的眼睛了。到处是高层的新大楼。

巍峨的大厦仿佛童话故事里的塔楼，一栋栋拔地而起，耸立在城市上空，每一栋都有几十层高。

当初造这些房子的时候，莫斯科漆黑的上空点燃着一个个巨大的灯火三角形。有时它们运动起来，徐徐转动，时而向右，时而向左。它们的下方则洒落着雨点般的耀眼火花，亮起一道道闪电，霎时间蓝色的光焰照亮了四周房屋的玻璃。

灯火三角形是由固定在起重机长臂上的电灯组成的。

起重臂把钢柱和工字梁往上吊，本身也随着栅状的钢筋骨架（未来大厦的骨架）的增高而上升。

勇敢而灵巧的人们在很高的地方作业，将钢柱和横梁用电弧的高温焊接起来，那里就迸发出一道道蓝色的闪电。

钢筋骨架露面的时间不长。它立马就穿上了石质的外衣。钢柱之间的砖墙不断向上延伸，而从外部看，从砖墙的表面看，大厦包上了悦目华美的石板。

莫斯科的改造并非随意而为的，而是按照受政府委托的建筑师们设计的方案进行的。

曾几何时，狭窄的陋巷小弄七弯八拐的地方，如今是宽阔的大街，两旁耸峙着高楼大厦、浓荫的树木。马路又平整又清洁，就跟房间里的地板似的。

当然，要改造经过许多世纪建设起来的一座巨大城市，并不那么简单。难怪人们说："莫斯科可不是突然之间建造起来的。"不过我们这儿的矮小老房子正在一年年少下去。

轮到改造我们这条街了。你当时还小，所以造房子的人来到这里，并在两年之内盖起许多大楼的情形是记不得了。

看他们盖房子的情形可有趣哩！

首先要着手的事是挖土。要挖好一道道沟——房屋的基坑，因为房屋不能直接建在疏松的土地上。房屋很重，而土却很软。你刚开始盖房子，它就开始坍塌，一边比另一边下沉得快，便向一边倾

从前挖土用的是铁锹、铁钎或十字镐，把土运走靠的就是这样的木头独轮手推车

斜，出现裂缝。结果是盖起的房子成了一堆废墟。

为了避免这样的事发生，他们就把房子盖在地基上：盖在由砖块或大石块或人造岩石——混凝土做成的承重物上。

建造这样的承重物还得用脑子。如果把它造得窄窄的，它就支撑不了整座房子。你自己也知道乘雪橇就是在松软的积雪上也不会陷下去，可踩着薄薄的冰刀就是冻硬实的雪也会被划出一道道口子。

但是光把地基造宽还不够，还得把它挖深，使它不是压在地表疏松的泥土上，而要压在下层压实的坚固的泥土上。表层的泥土不可靠：它的内部有来自雨水和融雪的水分。

冬季，当严寒骤然降临大地时，土壤含蓄的水分就会变成冰，冰则把房基从土壤里往外挤，于是房子和屋基一起开始松动。

这一点建房子的人心里一清二楚。因此他们把基坑挖得相当深，使每一面墙壁的下面都有建立在牢固干土上的可靠石质支柱。

从前在建筑工地上挖土用的是铁锹。遇到土很坚硬，又多石块的地方，铁锹就不起作用，这时只好使用铁钎和十字镐。

这是件很吃力的工作，它要占用大量时间，尤其在建造大房子的时候。现在有一种功率强大的机器——抓斗掘土机帮助挖土。

当初我们街上造房子的时候，掘土机用铲子从基坑里把土掏出来，这样的铲子从前任何人连做梦都没有见过。这种铲子是齿状的。它用钢齿啃进土里，像吃进嘴里一样把土抓起来倒进载重卡车。

这样的铲子工作起来不费事，当然得看是不是会操作。

司机坐在掘土机上的小亭子里按动手柄。掘土机乖乖地听从他的每一个动作：时而转向一面去铲土，时而转向另一面把土倒进卡车。一辆卡车还没有开走，另一辆已经开上前来。

掘土工剩下的工作只是清理基坑的边缘并将它弄平整。

如今工地上使用的是齿状机械铲，它把满满一抓斗土抓起来倒进载重卡车

掘土工很快就完成了自己的活计，就带着他强有力的工具掘土机转移到邻近的地块。

那里他们开始挖掘第二幢房子的基坑。

与此同时，在第一个地块，混凝土浇注工开始建造地基。和他们一起来的同样是一台大机器——混凝土搅拌机。就是这样的一种机器，它会制造人造岩石——混凝土。

它用一种灰色的粉末——水泥、沙子和碎石制造混凝土。混凝土搅拌机将它们和水一起搅拌，直到变成像面团样的东西。

石头应是坚硬的，从这个意义上说，它就是石头。无怪人们说它"和石头一样坚硬"。

混凝土在刚拌成时是很软的，可以做成任何形状。比如说把混凝土灌进一个模子，将它压实，再让它凝固，结果就得到了和模子的形状正好一样的石块。

不过这有什么好说的呢：你们谁没有玩过用沙子做馅饼！什么样的模子，就得出什么形状的馅饼。但是沙子馅饼放不长久，会散掉。而混凝土块却越久越硬。

这一切，当混凝土浇注工在街上工作时每个人都能看到。他们为地基做一个木模——模壳，然后把混凝土灌进这个巨大的模型。

接着，混凝土浇注工转移到第二个地块，那里挖土工已经把基坑准备好了。

混凝土浇注工造第二幢房子，而挖土工却已经开始第三幢了。

建筑工人就这样沿街一幢接一幢地前进：接着挖土工的是混凝土搅拌工，接着混凝土搅拌工的是泥瓦工。

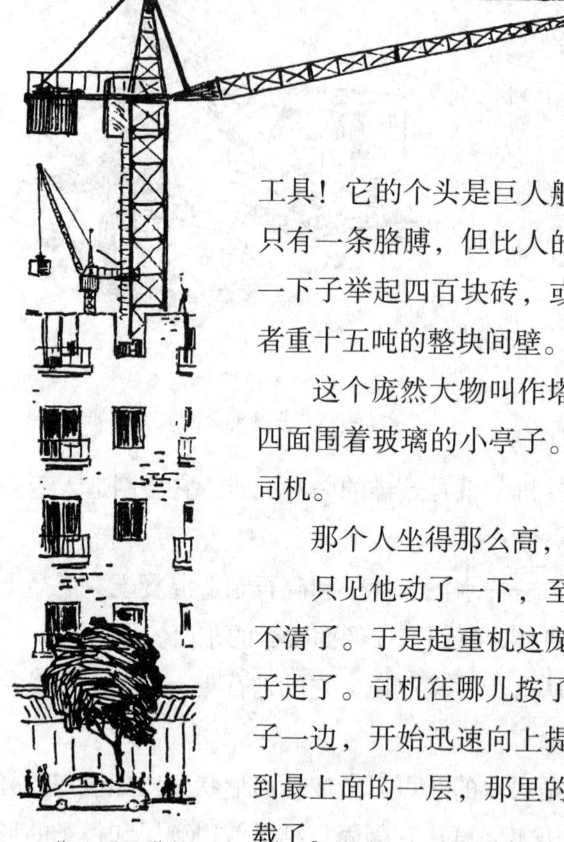

能一下子举起四百块砖或整个石头楼梯的庞然大物，叫作塔式起重机

泥瓦工也带着自己的工具来了，而且带的是那么力大无穷的工具！它的个头是巨人般的，比十层楼还高。它只有一条胳膊，但比人的胳膊要长二十倍。它能一下子举起四百块砖，或十二级石阶的楼梯，或者重十五吨的整块间壁。

这个庞然大物叫作塔式起重机。它的中央是四面围着玻璃的小亭子。亭子里的人就是起重机司机。

那个人坐得那么高，看上去变得很小了。

只见他动了一下，至于怎么动，在下面就看不清了。于是起重机这庞然大物就乖乖地沿着房子走了。司机往哪儿按了一下，起重机就转向房子一边，开始迅速向上提升装砖的箱子。箱子升到最上面的一层，那里的工人已经等着接收并卸载了。

从前人们只能靠自己的背脊来扛砖。砖块搬运工被称为“羊角背”，因为他们背砖用的是“羊角”，不是真的“羊角”，而是木头的。

砖块放在有两个把手的架子上。这两个把手像山羊的角。所以运砖的架子叫作“羊角”。把“羊角”放在像桌子一样的架子上，可以不必从地面扛——从地面扛起来更重。

然后往“羊角”上放三十块砖，人把它往背上一靠，使两个“羊角”搁到自己的肩上。这需要很多力气，还要熟练。谁要是不习惯，那就往往会连“羊角”一起倒在地上。

扛着这么摇摇晃晃的重负还得登上四五层高的地方。以前工地上的工人就是这样工作的。

如今我们街上造房子时，压根儿就没有任何“羊角背”。人们干吗要吃这个苦：让机器干得了呗。

泥瓦工的工作进展很快。有一个年轻的师傅干得特别好。有一次早晨上班时他看到，昨天傍晚他砌的那层砖下面挂着一块标语牌，上面写着：

向我们工地的优秀泥瓦工致敬！

这位师傅吃了一惊，对自己的助手说：

“老弟，咱们得保持住，如果标语牌在咱这儿待不久就丢人了。”

砖块搬运工被称为“羊角背”。在木制的带把手的“羊角”上几乎可放三十块砖

他们开始更好地工作。师傅手下的墙壁开始更快地往上长。

一天结束的时候他看了看墙上，标语牌落在了下面。

到了第二天，标语牌还是挂在最上面的那层砖旁边。从这天起就出现这样的情况：白天他竭尽全力干活，要把标语牌甩在后面，可是早晨标语牌又赶上了他。他们就一起到达了最高层。

年轻的师傅成了这条街上最有名的泥瓦工。

泥瓦工的工作可不简单。这不是一件轻松的活儿：要将小小的砖块垒成一幢大房子，没有技能不行。

为了不使墙壁倒塌，砖要垒得整整齐齐，彼此黏结。

细木工用胶水粘木材，裁缝用线，粗木工用钉子，泥瓦工则用灰浆。灰浆是用水泥或石灰和沙子做成的糊状物。当这样的糊状物进入两块砖之间的缝隙后，时间越长久越坚固，使得砖块黏合得非常牢固，甚至以后你怎么也掰不开它。泥瓦工用一把有弯柄的小铲子把灰

泥瓦工用一把有弯柄的小铲子把灰浆覆到下面一层砖上，再把上面一层砖放到灰浆上

浆覆到下面一层砖上，再把上面一层砖放到灰浆上。他放砖块不是随意的，不能使砖缝对着砖缝，使缝跟缝对接。

如果墙壁垒得平整，它可经历几百年依旧岿然不动。有些老房子经历了一千年，依然完好。

在泥瓦工砌墙的时候，其他的工人在做间壁，安放地板梁，在梁上铺地板，装天花板、水管、电线和暖气片。

于是他们一直把房子建到了屋顶。

现在该是屋顶工干活了。

大家又像排队似的继续推进了。挖土工开始挖掘第四幢房子的基坑，混凝土搅拌工浇注第三幢房子的地基，泥瓦工开始砌第二幢房子的墙壁，屋顶工开始盖第一幢房子的屋顶。随着屋顶工而来的是抹灰工和油漆工。他们后面出现的按次序是最后一批，房子就是为他们造的。那么房子究竟是为谁造的呢？

为像它们的建设者一样的劳动者：泥瓦工和炼钢工、教师和医生、车工和排字工。入住者还没到，卡车却运来了桌子和椅子、衣橱和餐柜、床铺和沙发、碗盏和碟子、书本和玩具。

有人带来了猫，有人带来了鸟笼，有人带来了狗。

你看第一幢房子里楼上已经有金丝雀在唱歌了，楼下窗台上猫咪已经坐着了。第二幢房子里刚开始铺电线。第三幢正在抹天花板。第四幢在盖屋顶。第五幢在砌墙。第六幢在打地基。第七幢在挖基坑。而第八幢则还在测量——给打地基的地方标记号。

现在十二个兄弟——十二幢房子分两排耸立在我们街上。最年长的是第一幢，它先盖，也先完工。最年幼的是第十二幢，现在刚开始往里搬家。

院子里鲜花盛开，孩子们在打排球。每幢楼里电梯上上下下。大门口停着漂亮的汽车。

很难相信，还在不久以前这一切都只是纸上的东西——在厚实的一页页图纸上，建筑设计师在上面画上房屋的平面图、外观图和内部配置图。

那么现在你该明白了，为什么我们街上有这么一些奇怪的门牌号码。以前立着1、3、5号小房子的地方，如今是一幢门牌1—5的高楼。以前是7、9、11、13、15、17号小房子的地方，如今是延续整个街区的7—17号的大厦。

有一次，我们街上走着两个人：一个上了年纪，胡子花白了，另一个是小孩。花白胡子说：

“你看，多大的房子！这是我的。”

他们继续往前走。在7—17号房子边停住了。花白胡子说：

“你看，多大的房子！这是我的房子。”

他们又往前走，在下一幢房子前停了下来。花白胡子又说：

“这幢更高大，更好。这也是我的。再看街对面，有电影院的地方，也是我的房子。而且，这条街上，你数一数，所有的房子都是我的。”

从前曾经立着一间间小屋的地方，如今耸起了一幢高楼

小孩纳闷了：

“大伯，您是在说笑吧。一个人不可能一下子住那么多房子！”

花白胡子笑了：

“我住倒是住在一幢里，可所有房子都是我抹的灰。从旁边走过，想来高兴：是我的房子！”

在地铁里

当你仔细阅读了七个谜语，回答了七个问题以后，请你将这篇故事的题目写入为它准备的小框里。不过答案应当简略，因为小框内地方很小。所有七个问题应当只给一个答案。

什么地方既没有雨也没有雪？

什么地方冬天暖和夏天凉爽？

什么地方夜间明如白昼？

什么地方河流在人们头顶上方流过？

什么地方没有固定的居民、来客？

什么地方钟表计时不用指针？

什么地方楼梯自动上下，门户自动开闭？

想必你已经猜出来了。

所有七个问题只有一个答案：在地铁里

所有七个问题都只有一个答案：在地铁里。现在你知道该如何命名这个故事了。

谁到过莫斯科、列宁格勒和基辅，他就会经常乘地铁。谁没到过那里，他就会从别人那里听说，莫斯科、列宁格勒和基辅有一个地下城，那里有自己的街道、大理石宫殿。沿着地下的街道——隧道，漂亮的电气列车从一座宫殿奔向另一座宫殿。

列车在一个地下站和另一个站之间来回奔驰

在这个地下王国，一切和地面上不一样。

在地面上，白昼和黑夜交替。可是在地下，总是一片光明，你分不清，现在是白昼还是黑夜，清晨还是傍晚。

地下哪来的光线？这个你一下子是不会明白的。

在一个宫殿里，光线从天花板直泻而下。那里明如白昼，却看不到电灯——它们隐藏得很好。

在另一个宫殿里，光线从大理石的大碗里向上喷射，仿佛喷水池里的水花。

第三个宫殿里挂着一排排枝形水晶吊灯。第四个宫殿里天花板上挂着一圈吊灯。

电流通过无数电线奔向电灯，用明亮的光线驱逐地下的黑暗。

地下城里永远既不下雨，也不下雪；既无炎热，也无严寒。

地面上风雪大作。人们竖起了衣领，把帽子压得低低的，匆匆赶路。而在地铁里却平平静静，安安宁宁。假如你没有在街上挨过冻，你也许不会说现在是冬天。

夏季刚好相反。地面上又热又闷，地铁里却一片清凉。这儿天气听人的话。

地铁里的空气新鲜又清洁。那里有这样一些机器——通风机，帮助地下城通风。

在莫斯科的公园里和街头小公园里，你是否见到过巨大的石头亭子？这些亭子的每一面都有装着铁栅的高窗。这种铁栅之间的缝隙密得你透过它看不见里面任何东西，而里面却有什么在嗡嗡直响。

巨大的石头亭子

也许你不止一次想过，是什么在里面嗡嗡叫？

这些亭子对地铁来说就像人的鼻子和嘴巴。地铁通过装铁栅的窗户吸进新鲜空气。为了让吸进的空气新鲜些，所以亭子设在树木等绿色植物中间。空气从亭子里往下走，进入一个深井。那里下面放着大功率的机器——通风机。嗡嗡声就是它发出的。

通风机吸进空气，然后把它继续赶向车站。另一些通风机则把污浊的空气赶到外面。

但是为什么地铁里冬暖夏凉呢？

冬季，空气是寒冷的，被吸进地铁的时候经过站与站之间的空间，到达车站前经过长长的路途——地下隧道，从而在途中变暖。

夏季，新鲜空气被直接吸往车站，把已经变暖的空气通过站间空间排出。列车也帮助地下城通风，当它在隧道里奔驰的时候，它把滞留、闷热的空气向前推。它无处可去，就从为此而设的出口向上排出。

这就是为什么地铁里不闷热的原因，尽管里面人总是很多。

列车在地下跑得很快，没什么人妨碍它全速飞奔，也没有任何人横穿道路。

在地面，人们乘汽车、有轨电车、无轨电车。有轨电车在两站之间走过三公里的时候，无轨电车和公共汽车走的是四公里，在此时间里，地铁列车却走了整整十公里。

地铁一天内运送多少人？

每节车厢可容纳两百人，而车厢有六节或四节。谁会算，他一下子就能说出满员的时候列车能运送多少人。

但是列车有多少列呢？

为了算清楚，应当看看它们行驶的次数。

这里，每个车站都有的钟可以帮上忙。

这些钟不同一般，没有指针，但是时间的测定很准。当列车刚刚离站开出，钟就开始计算时间，让人们知道列车开出多久了，下一列车是否还要等很久。

每过五秒，钟面上就会一个接一个地亮起数字，仿佛绕着圆圈在跑步：5、10、15、20……直至60。经过六十秒后，中间马上亮起一个大的数字“1”。这表示列车开出已经一分钟。

钟没有指针，可计时准确，不亚于一般有指针的钟表

再过六十秒钟——就亮起了数字“2”。但是这时下一列车已经靠近，带上乘客开走了。钟又得开始重新计时了。列车里有一千二百个乘客，而列车过两分钟就有一班，或许间隔还要短。

这样你就算一算，地铁在它的全部线路上一天运送多少乘客。也许一下子算不出。

两天之内地铁能运送全莫斯科的居民，如果每个人从头到尾只乘一次的话。

两个月之内地铁能运送在全国居住的人口。两年之内地铁能运送全世界的人。

列车在地下跑得飞快，每过两分钟就有一列车开过。

然而它们为什么不相撞，为什么后一列不会撞到前一列？

每一列车里都有一个司机。他的手始终碰着开关马达的按钮。

司机通过车窗玻璃在观察，如果看到远方红色信号灯亮了，就马上关掉马达停车。

那么是什么人亮起信号灯的呢？是哪一个人吗？

不，不是人，而是在前面行驶的列车。

列车的设计非常巧妙，自己会亮起红绿灯。

红灯表示此路不通。

绿灯表示此路可通。

可要是司机打了个哈欠，错过了红灯呢？

不该有这样的事。地铁司机是经验丰富、信得过的人。他们知道自己手上掌握着许多人的性命。

不过司机可能会由于突然生病或并非由于自己的过失而错过红灯。

这时候列车怎么办呢？

为了应对这种情况，有人发明了一种聪明的东西——自动停车装置。

这是一种警戒装置。它始终处于戒备状态。如果前面一节车厢错过了红灯，自动停车装置马上刹车：“停车！停在原地不动！”

地铁内的一切设置都能使人毫不担心地乘车。

你乘着列车，甚至不知道值班员在车站上注视着列车。他操控着整个行程。

你离车站还很远，可值班员透过土地已经看到你的列车在隧道里行驶的情况。

难道人能透过土地看见东西？

看来是可能的。

为此在终点站，行程指挥员——调度员那里的墙上有一张亮灯的地图。图上用各色的线条和标记画着路线、支线、箭头和信号。

望着这张地图，调度员看到了列车在各条路线上行驶的情况。

每一列车都送来有关自己的信号和消息：“我在行驶！”

调度员不用离开位置，就能从这里改变路线指针，使列车从一条路线转到另一条路线。

他远程操纵着列车的运行。他是怎么做到的呢？这里给人以帮助的是电流。

电流沿导线流向车站，使值班员身边墙上的地图亮灯。

同一股电流向指针传达调度员的指令，将列车从一条路线转到另一条。

几分钟之内讲不完地铁内的全部奇迹。

那里车厢自动连到列车上。

那里车门会自动开关。

那里扶梯自动运送人们上下。

这些扶梯不是整个的，而是由仿佛一个个链环的一档档独立的梯级组成。每一个梯级都在轨道的滚轮上像小车一样地滚动。而把梯级向上拉的是固定在上面的链条。

到达上面以后，链条和梯级就走到地面下，回到下面去运送新的乘客。扶手也不落后，在梯级的上方奔跑。不过这只是一种感觉，似乎这里不用人，一切都会自动运转。要知道自动运转的机器也是人开的。

地铁里有许多神奇的机器，它们帮助人们迅速而安全地在地下移动。

可是在建造地铁的时候又有多少神奇的机器在工作！

不过这里令人惊叹的不该是机器，而是人，是人创造了这些机器和整个地下城。

在地铁里，扶梯自动运送人们上下

你以为在地下建造宫殿和隧道容易吗？而且不是简单地就在地下，也不是在某一块空地下，而是在高楼大厦下面，在大城市的街道下。

要从它们下面挖出成堆成堆山一样的沙子、泥土、岩石，与此同时还得不破坏马路，不碰坏燃气管和水管，不扯断电气和电话的电缆——导线。

地铁有一处不得不在莫斯科河河床下面铺设。结果就是河流在人们的头顶上方经过。

但是最给建设者们添麻烦的倒不是地上的河流，而是地下河。

水会冲走沙粒，含水的沙子开始移动，并在施工的地方坍塌。

为了能施工，只好在许多地方用水泵抽水。

为了对付水，就往通道里灌空气。它是被用管子向下压进去的，空气挤压着水，把它赶走，吹干了沙子。这时候工地上挖沙子就比较容易了。

为了对付水还往通道里灌冷气。

人们通过管道往流沙层灌冰冷的液体。它冻结了流沙，使它变硬。这时和它打交道就比较容易了。它不再流动，不再妨碍人们施工。

你看我们的工程师和工人是多么聪明、多么勇敢地在莫斯科的地下建造神奇的地下城——地铁的。

河水是如何来到你家做客的

家里用水是再普通不过的了，作者却将其比拟为河水来家里做客，多么形象，多么有意思啊！从中也不难看出，在作者的眼中，自然是人类亲密的朋友。

你打开水龙头，把碗接到下面。水龙头里有东西发出咻咻的声音，于是清凉的水流进了碗里。水是从哪儿来的？从河里。可是从你家到河边很远啊。河水是怎么到达水龙头的？它怎么能登上五层楼呢？

有关水的这趟旅程马上就会有个故事好讲。

每个人都知道，水来自水管：打开水龙头，水就流出来了。

可是水是怎么进入水管的呢？

在远离城市的河边有一个水塔。它的窗户不是开在水的上方，而是水下。河水不分昼夜地通过栅栏流入这些窗口。

鱼儿来到窗口，向塔里张望着，可是进不去：栅栏不让进。栅栏的后面还有一张细密的网，连鱼儿的孩子——刚孵出的小鱼也钻不过。

作者的文笔非常幽默，解释了栅栏和细网对水的过滤作用。

当然咯，如果厨房的水龙头里和水一起跳出鲈鱼或鲄鱼，可不是坏事。你把锅子接到水龙头下面——午餐的鱼汤就到手啦！不过鲈鱼和鲄鱼可到不了水龙头，要不只会弄脏水管。

河水会夹带许多东西：既有水草，又有碎屑和树叶……因此水塔里装了栅栏和细网，以免放入不请自来的客人。

周围阒然无人。只是偶尔有专门的警察在岸上走过或骑马经过。他在巡视河上的秩序。

这些地方的规矩可严啦!

这里禁止游泳和划船。这里不准洗衣、放牛，甚至连散步也不行。

干吗这里要立下这么严格的规矩?

为了守卫河水。

河水干吗要守卫?难道有人会偷吗?

不是的，偷它当然不会。守卫它是为了不让往水里扔任何东西，不弄脏河水。河里如果落进了脏物，这脏物就会到达水龙头。人就会饮用这样的水，就会生病。

这部分文字非常简短，有的是以短句独立成段，意思简明而有趣，加上设问的形式，引领读者不断探索“水的旅程”。

不光是人，河流自己也会把水弄脏。它冲刷着河岸，带走小土块、泥土和沙子。往往在春季，河水尤其浑浊。这时候各条溪流从四面八方奔向河流，将其沿途夹带的东西都带进河水。

在春汛期间或大雨以后，有时河水会变成棕色，像咖啡一样;或者白色，像牛奶一样。

对工厂里的机器来说，也许水不必太干净，可是饮用和洗衣的水必须净化，所以大功率的水泵把水通过管道从水塔压向净化站。

净化站之所以称为“站”，并非无缘无故。这里水不得不减慢流速，在从河里到水龙头的路上歇歇脚。

当河水在奔流的时候，有足够的力量夹带小土块、沙子和泥土。山间的溪流甚至能把山坡上的大石块带进河谷。为了使河水抛弃它夹带的东西，就得迫使它减慢流速。

这一部分介绍了净化站的重要作用：净化什么呢?如何净化呢?作者环环相扣、层层深入地带领我们弄明白其中的科学道理。

在净化站，河水缓缓地流过巨大的水槽——高度

与两层楼相当。在这里，它把夹带来的脏物沉淀到底部。

为了使脏物更快地沉到底部，就得这么办：往水里添加一种物质，它会立马变成大大的白色片状物。你往水槽里一看：水里似乎正在下雪。

片状物沉向底部，也随身带走了脏物。

河水轻装流出水槽，只带着勉强看得见的浑浊物。

用眼睛看去它似乎已经干净了。但是这时不能相信眼睛。假如通过显微镜一看，就发现每一滴水里都有居民。其中最小的是像小棒棒和小点儿的东西——细菌。

栅栏和细网挡得住鱼儿和水草。可是它们挡不住肉眼看不见的物质。但是得阻拦它们。因为有时其中会落进那些使人生病的有害细菌。

要使一个细菌也不进入水管，该怎么办呢？用什么样的关卡阻挡看不见的来敌呢？鱼儿很容易挡住：放一个栅栏就成了。

能不能做这么细密的一个栅栏，连肉眼看不见的细菌也溜不过去呢？

这样的栅栏是可以做的，但不是用铁条，而是细石子和沙砾。

在水槽里，澄清的水流进了一个明亮的大厅。那里的地面是用白色石板铺设的。中间是通道，四面是一个个像四方形池塘的小水池。

水池底部并非紧密无间，而是有缝的，以便水能透过。底部有一层细石子，细石子上面是厚厚的一层沙子。水能渗透过沙子，而脏物和细菌却滞留下来了。

但是细菌比沙子要小许多倍。沙子之间的缝隙对它来说还不是像宽敞的大门吗！是什么把它们阻挡在大门之外呢？

奥妙就在这里。当河水从沙子间渗透过去时，就给沙子蒙上一层由细菌和极细的藻类组成的薄膜。细菌在沙子之间弯弯曲曲的通道里旅行时就附着在这层活的薄膜上。结果是细菌自己帮人摆脱细菌，净化了河水。

过滤河水的大厅空旷而宁静。水池里似乎纹丝不动，甚至可以认为这里什么事也没有发生。

我们仿佛跟着工作人员走进了净化站的工作室，开始了细致而专业的操作。生动的情景描绘，让人身临其境。

一个身穿清洁的大褂和毡鞋的人在通道里踱步。他把自己的靴子留在了门外，以免带进外面的脏物。

似乎他只是在浏览池水，事实上他在观察工作进行得是否正常。如果水渗透得过慢，就说明沙子间沉积了太多的脏物。这个人便走到安装着许多按钮的板前面，他揿了一个按钮，一些管道顿时关闭了，另一些则打开了。水停止进入弄脏的水池，而进入另一个清洗过的池子。

从这个大厅出来的水完全是透明的，但是仍然会有一些细菌溜进里面。

实验员在显微镜下检测水滴

在净化站有一个房间，那里的桌子上放着显微镜和其他各种仪器。桌子边一些穿白大褂的人——实验员在工作。他们在检查水质，看它是否偷偷地带进了对人体有害的来敌。

假如实验员在显微镜下发现了这样的来敌，他马上会告诉所有应当知道的人。

民警会接到命令：调查是谁在什么地方污染了河水。也许在离净化站几公里远的地方有人洗了从病人身上脱下的衣服，于是河水就带上了传染病菌。

为了消灭这样隐藏的敌人，就往水里添加毒物——一种黄色刺鼻的气体氯。添加进水里的只是一点点，以免危害人体。人们在饮水时甚至感觉不到氯

的气味。可是对于灭菌，这一点儿就够了。

这时水就通过了净化站。它已经可以饮用。但是它怎么到达需要它的人身边呢？

离城还很远，那里的房子又很高——有很多层。要让水到那么远那么高的地方，怎么办呢？

水总是往低处流，它是怎么到达高楼的呢？让我们紧跟作者的脚步，探寻答案。

水在自由流动的时候，自身的重量使它向下流。你自己也知道，向山下跑要比登山轻松得多。

因此水从小溪流入小河，从小河流入大河，一直向下向下，直到最低的地方，到达大海。

可是在水管内水不是要向下走，而是向上；不是流向海洋，而是城市；不是到容易流向的地方，而是流向人们要它去的地方，即使是十层楼。

水自己是无论如何不会向上流的。

这就要用强力驱赶它了。

为此，人们把水从净化站引向另一个站，它称为泵站。在那里，强大的水泵把水推进地下管道——输水管。

输水管是很大很宽敞的管道，绵延很多公里。

仿佛沿着地下河流的河床，水沿着输水管来到城市，又在那里分流到不那么粗的其他管道。

在自由状态下，溪水流向河流。而这里正好相反，河水被迫流向四面八方的小溪。

这些被关闭在管道内的小溪就流向千家万户，升到最高的楼层。

你打开水龙头，强劲的水流从水龙头里射出。为什么它那么迫不及待地要从水管里冲出来呢？因为泵站里强劲的水泵正用力驱赶着它。

不过常有水泵停机修理的时候。这时怎么办呢？难道让家家户户停水吗？

不会的，为防万一，人们把水储存在水塔里。

你大概不止一次看见过上面有圆形小屋的高高水塔。你可能自己就想沿着狭窄的扶梯爬到上面，看看里面是什么东西。那里是一个盛水的圆形大箱子。这是名副其实的水池，只是不在地面，而在离地很高的地方，高过房屋和树木。

读着文字，借助插图，我们明白了水塔的模样。大家在生活中见过这样的建筑吗？

把水塔造得这么高，是为了使从水塔出来的水有强大的水压，能升到上面的楼层。

这样河水就从城外来到了你家里。它是轻装而来的，没有任何累赘：没有鱼儿，没有藻类，没有垃圾、沉淀物，没有细菌。

河水到你家里做客，但已经不是自由状态下的样子，而是清洁透明的。

水塔越高，水压也越大

它已经不再随心所欲地流动。它变得很听话。它将会如涓涓细流那样流淌或者如泉水那样喷涌，那就得看你对它的命令了。

要使河水驯服并把它引入你家，并非如此简单。有骑马和步行的民警守卫着它。有实验员和医生检验它。

工程师和自来水管道工为它铺设了很长的线路，沿途建了许多泵站。

往往有不是从河流和湖泊取水，而是从地下取水的情况。这时为了到达有水层，就要穿透地面，在地里钻井。有时水在很深的地下流动，在厚厚的沙层、土层和岩层下面。

在钻出的井里放下水管。如果水在很深的地方，就得放下水泵，让它把水抽上来。

这一切都不是轻松的工作，需要不少的技能和知识。

现在当你饮水或洗涤的时候，你就会明白，什么是自来水管道，为了使你一拧水龙头就能把水从河里或很深的地下招呼到自己身边，有多少人在工作。

首尾呼应，我们终于找到了问题的答案。

无形的劳动者

有一个劳动者，谁也没有见过，可是每个人都知道他。他什么都会做，而且还那么快！

早晨你对他说：

“烧茶！”

于是五分钟以后茶壶里的水就像泉水那样滚了。

你命令他：

“煮午餐吃的稀饭！”

稀饭已经在锅里噗噗冒气，眼看着要潽出锅沿了。

需要把内衣熨一熨，他连这活儿也会。

傍晚天刚黑下来，他就把灯点上了。

客人还在楼梯上，他却已经在喊了：

“开门去！”

和他一起你不会寂寞。他会唱歌，还会讲故事。他是那样通情达理和百依百顺！你刚动了一下手，他就知道你要干什么，马上去执行了。

在家里，他什么忙都能帮上，就是在外面，没有他也不行。你要到城市的那一头去——步行你得走上一天，走到那里命都快没了。可他一刻钟就把你送到了。他虽然没有手，却样样内行。在建房工地，他把砖往上送。在工厂，他打铁，切割钢材。在磨坊，他将谷粒磨成粉。在制鞋厂，他帮人缝靴子。在任何地方，他都招之即来；无论昼夜，时刻准备。

这位眼明手快、百依百顺、不知疲劳的劳动者，他是谁？他叫什么？从哪里来？

他叫电流。至于他从哪里来，你马上就会知道。

你不妨看看电熨斗、电茶壶、电炉、台灯。这些东西各不相同，可是有一样彼此相似。是什么呢？

无论电茶壶、电熨斗、电灯还是电炉，都有一根长长的尾巴——电线。这根电线就是电流行走的小路。

你到桌子抽屉里去翻翻，找出一小段电线，剥下它的衣服。外面它穿着布衣。布衣里面是橡胶衬衣。只有当你脱下它的这件衬衣以后，你才会看见电线本身——一束细细的铜线。电流正是沿着这些铜线到达电灯和电炉的。

电线穿着橡胶衬衣是为了使电流不流向不该去的地方。

如果电线通了电而电线是赤裸的，别用手去碰它，否则电流会从电线跑到你手上。刹那之间它会经过你的身体跳到地里，同时使你抽搐，这你自己也不会乐意。它虽然看不见，却咬得你生疼。如果电线包在橡胶衬衣里，可以不必害怕电流。它穿不过橡胶。

电流是从哪里来到电线上的？

它得经过很长的旅程。

每一个电茶壶和电炉都有的那根电线只是一条小巷。当你把插头插进插座时，你就把这条小巷和大街接通了。大街就是从墙壁到天花板，然后又沿着天花板到过道间的那根电线。你当然在过道间见到过电度表和安装在板上的瓷器小盒子[1]。

之所以叫电度表是因为它一直在计算，电炉、电灯、电茶壶里电流干的活儿多不多。瓷器盒子则是个看守。它恰好处在电流入户的地方。当一切都正常的时候，电流不会带来任何灾难。可是假如电路出现了险情，电流会使电线变得灼热，房子就会着火。

就在这时，看守的盒子便对电流说：

---

① 这是保险丝盒，在本书原著出版的年代是常见之物，现在早已被空气开关替代了。

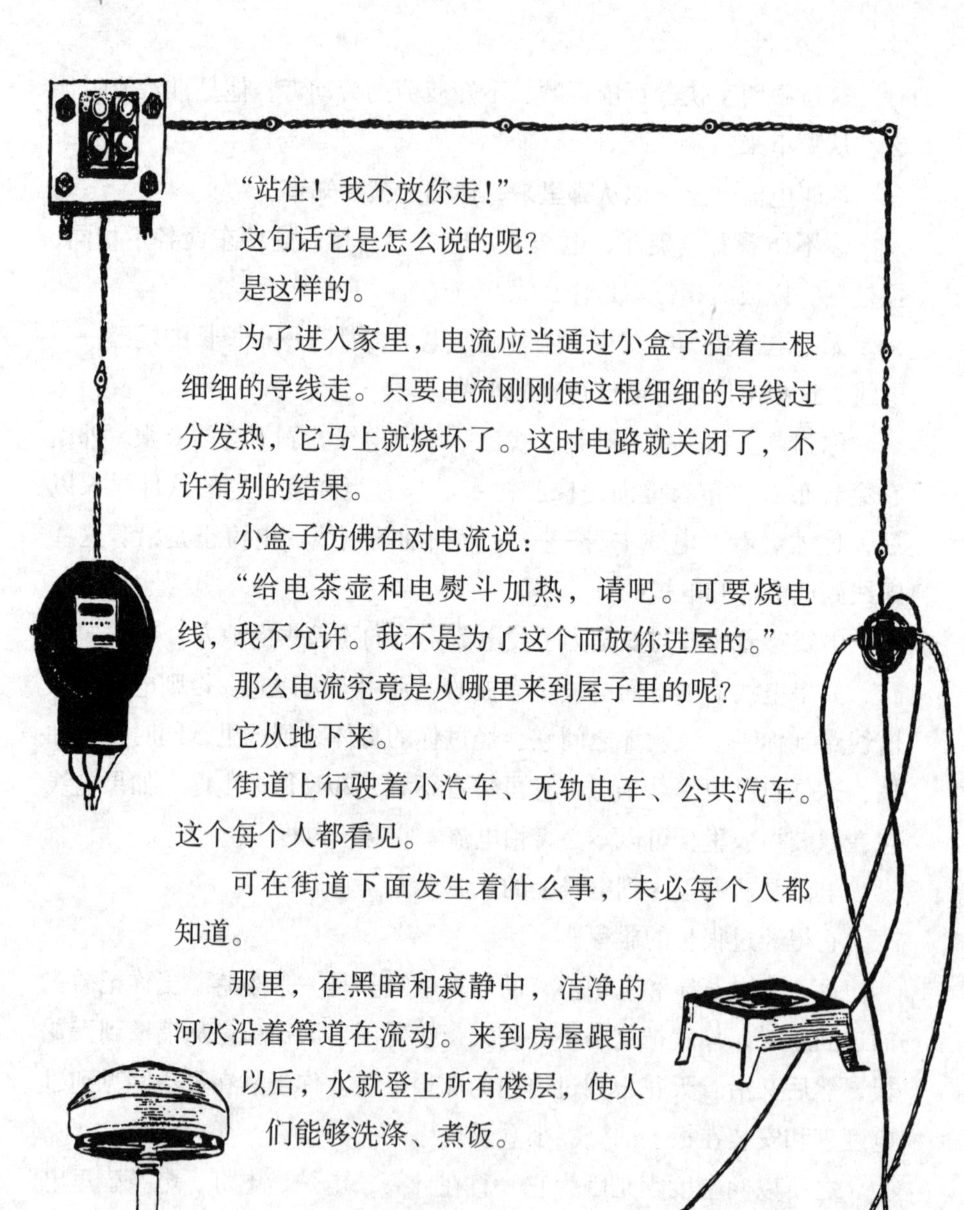

“站住！我不放你走！”

这句话它是怎么说的呢？

是这样的。

为了进入家里，电流应当通过小盒子沿着一根细细的导线走。只要电流刚刚使这根细细的导线过分发热，它马上就烧坏了。这时电路就关闭了，不许有别的结果。

小盒子仿佛在对电流说：

“给电茶壶和电熨斗加热，请吧。可要烧电线，我不允许。我不是为了这个而放你进屋的。”

那么电流究竟是从哪里来到屋子里的呢？

它从地下来。

街道上行驶着小汽车、无轨电车、公共汽车。这个每个人都看见。

可在街道下面发生着什么事，未必每个人都知道。

那里，在黑暗和寂静中，洁净的河水沿着管道在流动。来到房屋跟前以后，水就登上所有楼层，使人们能够洗涤、煮饭。

电度表计算出电灯、电熨斗、电炉用了多少电

马路下面离自来水管不远的地方，埋着别的管道——为雨水而设的。

城市里经常有大雨倾盆的时候，似乎什么都被淹没了，街道变成了河流。雨过了以后，水又不见了。只是柏油马路变得乌黑发亮，因为它被清洗过了。

水到哪里去了？

它顺着人行道沿流水槽流向马路上的泄水栅，再通过泄水栅向下涌入地下管道。这些管道把水流引到了河里。那里正是水应当流动的地方，而城市的街道应当是干燥的。

马路下面还通天然气管道，天然气在厨房的炉子和浴室的燃气热水器内燃烧，升起蓝色的火焰。

天然气是远方来客。它从伏尔加河畔来到莫斯科。那里，在萨拉托夫城附近，天然气被从地下开采出来，沿几百公里长的钢管输入莫斯科。

在莫斯科和其他城市的街道上，交通非常繁忙，可是街道下面更加繁忙。

马路下面通行的道路中就有电流通行的道路。每一条这样的路都不是房间里细细的电线，而是像管子一样粗的电缆，里面有许多铜线。这些导线穿着用金属和浸透树脂的纸张制作的坚固外衣，以免漏电，也使电缆牢固。

一根电缆里流动着通电话的电流，另一根里流动着通电报的电流。

第三根电缆是为给室内照明，给电熨斗和电茶壶加热，开动电车，驱动工厂里的各种机器而铺设的。

这位叫电流的劳动者是从哪儿来到地下的电缆的呢？

名叫电流的劳动者出生在发电站

它出生在发电站，从那

里通过地下和地上的道路分流到四面八方，进入家庭、工厂、有轨电车和无轨电车的发动机。

假如你来到发电站，就会看见一个长长高高的大厅。大厅非常长，你就是走上一百步，也走不到头。

在大厅的一边，你会看到一排火箱，就像在炉子里那样，只是大得多。透过小门望去，里面燃烧着熊熊烈火。

在大厅的另一面，墙上各种玻璃的和明晃晃的金属的仪表在闪闪发光。墙壁下方，是一排按钮和操纵盘——一个个小轮子。

墙边背对火箱站着机械师。他眼望着仪表，有时按一下按钮，有时转一下小轮子。

显然，他在操纵着什么，就如汽车司机或舰船的舵手。

他在操纵什么呢？

火、水和空气。

烈火在炉膛里熊熊燃烧。水在炉膛上方的大锅炉里沸腾。空气通过管道输入炉膛里。它是被鼓风机吹向那边的。

这里要空气干什么？

为了让火在炉膛里燃烧得更好。

那么要火干什么？

为了让水在锅炉里沸腾。

那么要水沸腾干吗？

为了从锅炉里沿着管道输出蒸汽。

那么要蒸汽干吗？

蒸汽通过管道进入另一个同样又大又高的大厅。那里耸立着强大的蒸汽透平。透平是一种内部装着一个轮子的机器，而在这个轮子的整个巨大的轮缘上装着一圈钢铁叶片①（小铲子）。

之所以称它们为“小铲子”，是因为它们像没有柄的铲子。大的蒸汽透平里这样的叶片有几千片。

---

① 钢铁叶片，俄语中该词又有“小铲子”的意思。

这时机械师走到一根粗管子前面，蒸汽就是通过它从锅炉走向透平的，他开始将阀门稍稍打开一点儿。阀门是类似水龙头那样的一种开关。你打开它，蒸汽就在管子里走了；你关上它，蒸汽就不走了。

给蒸汽开通道路，它就哧哧地飞速冲向透平。

在透平里，它一路遇到的是钢铁叶片。蒸汽压到一片叶片上，再压到第二片、第三片……于是透平里就传出嗡嗡声。这是轮子在转了。但蒸汽还是继续在透平里走，压迫着叶片，轮子就转得更快，透平发出的嗡嗡声也更响。

你也许不止一次做过纸风车。你往风车的翼片上一吹风，风车就转了。

但是你的纸风车是玩具。做它不是为了工作，而是玩儿。蒸汽透平却要工作。它旁边放着一台大机器——发电机。

发电机也有一个大轮子，只是构造完全不一样。透平在轮子转动的时候便带动发电机的轮子转动，因此发电机就开始发电。电流便顺着电线走向住宅、工厂、电气铁路。

现在我和你终于到达了电流产生的地方。我和你知道了，电流哪来这么大的力量，能一下子照亮许多街道和广场，驱动无轨电车和有轨电车，在工地上吊起砖块。

如果没有煤在锅炉里燃烧，就没有蒸汽。没有蒸汽，就没有透平里涡轮的转动。没有透平里涡轮的转动，就没有发电机的工作。没有发电机的工作，发电站就输不出电流。

通常还有水力发电站和水轮机。那里工作的不是蒸汽，而是水。水从上面的水库通过宽大的管道下来，转动水轮机的桨叶。

现在，当你接通电茶壶或者电灯的电源时，你该明白了，无形的电流是怎么产生的，从发电站到你的房间它经过了怎样的旅程。

可爱的路灯

可爱的路灯
说给我听听，
在宁静的夜间，
你有什么见闻。

假如街头的路灯听到这首古老的歌曲而打破自己的沉默，并加入我们的谈话，也许它会讲述有关自己和自己前辈的许多趣事。它向自己的四周放射出多么耀眼的电光！那些与它自己一模一样的兄弟默默地在远处和它交换着眼色。它们排成长长的两行向着远方延伸，仿佛沿街悬挂的两条耀眼的白色珠串。

这盏路灯在莫斯科有几万个兄弟。它们登上桥头，想欣赏自己在莫斯科河里的倒影。它们在广场上围成圆圈跳起欢乐的舞蹈。它们把目光投向所有的小巷，使任何地方都没有黑暗阴沉的角落。

昏暗的暮色开始在城市弥漫，从房基扩散到高楼大厦的最高楼层，但是此前数以千计的路灯恰似一声令下，早已大放光明。

招牌上闪闪发光的文字和图案也随着灯光开始点亮——红的、蓝的、绿的、天蓝的；商店的橱窗里也出现了光明；住宅里透过窗帘，彩色的灯罩也射出了光芒。

我们对电灯光已经太习以为常，以至想不到它的价值。要知道无论在城市还是在许多农庄，它显得如此平常。

然而当家里和街道上首次亮起电灯的时候，人们是多么兴高采

烈啊！

这里得说一说世界上最初点燃电灯的情况。

事情发生在列宁格勒，当时叫作圣彼得堡。街道显得荒凉而安静。在一根小横档的木柱子上，模糊的玻璃罩里面煤油灯黄色的火焰在闪烁，抖动。

有的地方煤油灯的小火向上伸出狭窄的小火舌，似乎想把街道尽可能照得亮一点儿。然而火苗越是向上伸，本来就好久没有擦洗的灯罩玻璃上便更快地蒙上一层烟黑。因此路灯四周变得更暗。

夜幕垂空，城里亮起了灯

在这些与墓地十字架如此相似的路灯中，有一盏忽然射出了欢乐明亮的白光，街上仿佛亮起了一个小太阳，而且邻近的一盏路灯也一下子亮起了相同的光。

一个行人停住了脚步，惊呆了。一个小铺子的学徒头顶一只小篮子正吃力地往什么地方走，这时他便用双手捧住篮子，向着从未见过的亮光飞奔而去。

有一盏灯忽然射出了欢乐明亮的白光

不久路灯边便聚了一堆人。每一分钟人数都在增加。人们从四面八方向路灯跑来，照例出现了警察。

“怎么，没见过？”他习惯地吆喝起来。

但是人们确实从来没有见过电灯光，所以要把他们赶开谈何容易。

下面就是一个老头所讲的关于首次出现电灯时的情况，当时，1873年，他还是一个小孩子。

“我费了好大劲才说服我父亲跟我一起走。和我们一起走的许多人都带着同样的目的——见识见识电灯光。很快，我们来到了一条照得很亮的街道。两根路灯杆上的煤油灯换成了发出明亮白光的白炽灯。许多人在欣赏这光亮，这来自天堂的灯光。”

是谁把煤油灯换成了电灯？这是电灯的发明人、俄国著名科学家亚历山大·尼古拉耶维奇·洛德金①做的试验。

不久电灯在巴黎也出现了。这是另一位也是俄国的发明家帕维尔·尼古拉耶维奇·亚布洛奇科夫②的“电烛”。法国人赞美它是“俄罗斯之光”，他们这样称呼电气照明。

然而电灯没有一下子在大城市夺取胜利。它有竞争对手，被迫与之进行长期的斗争。这个竞争对手就是瓦斯灯。

瓦斯至今还在为我们服务，但完全是履行另一种职责：煮茶，在厨房的炉子上做饭，给浴室的水加热。从前它的主要任务是给街道和室内照明。

瓦斯灯最先在俄国出现是在1825年，但过了没多久，圣彼得堡也用瓦斯给街道和室内照明了。

这种照明我们现在觉得有点儿暗淡和不舒服。瓦斯光投射到人脸上产生死气沉沉和惨淡的反光。而且瓦斯灯有一个坏习惯：它不像别的灯那样无声无息，而要说话，或确切地说是嗞嗞叫。这种一刻不停的嗞嗞声听起来很不舒服。

但是在瓦斯还是新鲜事物的年代，它受到热烈欢迎。报纸上曾经写道：

---

① 洛德金（1847—1923），俄国电工学家。1872年发明炭丝白炽灯，1874年获专利。《简明不列颠百科全书》载，爱迪生于1879年试制成功炭丝电灯，该书还说“三年后纽约市区开始世界上最早的城市电灯照明”。洛氏的发明早于爱迪生，本书作者的说法是准确的。

② 亚布洛奇科夫（1847—1894），俄国电工技师，1875年发明无调节器电弧灯——电烛，1876年获专利。

“灯火可以昼夜不停地在房间里点燃，不需要人去照看。它可以从天花板下降到把自己的光线扩散至整个房间的位置，不会有烛台的影子，也不会被烟黑熏黑。”

与煤油灯和油脂蜡烛相比，我们的曾祖父和曾祖母们觉得街上和室内的瓦斯灯是技术创造的奇迹。

当年的一些刊物里能找到许多歌颂瓦斯和嘲笑它以前的照明工具的诗歌、绘画以及漫画。

有一张画里画着一盏支在细腿上、火苗跳动的瓦斯路灯，旁边是一支淌着烛泪、模样丑陋的油脂蜡烛。在这烛灯下面，仿佛在树下似的，坐着两个人：一个捧着书本的老头，一个手拿袜子和编针的老太。他们徒然地试图在昏暗的烛光下劳作。熔化的油脂滴在他们头上。

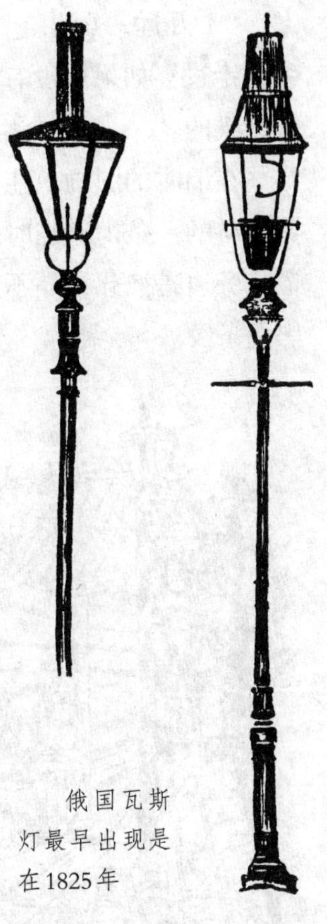

俄国瓦斯灯最早出现是在1825年

另一张是漫画，画着一位盛装的女士，她旁边是一个衣衫褴褛的女乞丐。女士肩膀上头的位置是一盏明亮的瓦斯灯，女乞丐的肩膀上头则是昏暗的煤油灯。

不过与以前曾经存在过的油灯相比，煤油灯一度使人觉得是明亮的。大麻油点燃起来比煤油要差得多。

果戈理在自己的中篇小说《涅瓦大街》里描述了油灯下街头的景象：

“但是当暮色刚刚降临到房舍和街道上时，身披蒲包的守夜人便爬上梯子去点亮街灯……这时涅瓦大街又恢复了生机，开始活跃起来……那神秘的时刻来临了，于是灯光使一切披上了迷人、奇异的光彩……长长的影子在墙壁和路面上晃动，头部的影子几乎触及警察桥……

“千万远一点儿，离灯远一点儿！快一点儿，尽可能快一点儿从旁边走过！如果您没有让它将自己发臭的油脂滴到您的衣服上，这还是运气的。”

在旧时的图画上能看到一百多年前路灯和点灯人的样子。这就是莫斯科的一条街道当时的模样：低矮的房舍，木板铺的栈桥——人行道，旁边是彼此相隔不远的一根根木头灯柱——它们装饰着人字形的黑白条纹。

点灯人将梯子靠到有条纹的灯柱上，呼哧呼哧往上爬

一个头戴圆饼状制帽、身穿早已失去当初光彩的制服、蓄唇须的士兵，左手拿着梯子，在街上走着。他右手拿着一个像茶壶、有细细长长壶嘴的容器。容器里面装着灯油。点灯人把梯子靠到有条纹的柱子上，呼哧呼哧往上爬。

油灯发出昏暗的灯光。但是对街灯第一次为其点亮的人来说，就是这样的灯也非同寻常地明亮了。曾经有过这样的时候——大约三百年以前，当时根本没有街灯。

然而有时漆黑的街上往往也会一片光明。当贵族婚礼的队伍夜晚在城里行进的时候，举着云母灯的人走在新郎和新娘的前面，灯里插上了蜡烛，每根蜡烛重两普特[①]。蜡烛也装饰得光彩照人：披上缎子和丝绒，戴着银子和镀金的圆环。

举着花灯和蜡烛在街上游行与其说是为了照明，不如说是为了炫

① 1普特等于16.38公斤。

耀——为了让人们对着贵族的婚礼看得眼花缭乱。

那么在没有这些灯的时候，有什么呢？那时候城市的照明靠的是天灯——月亮，假如夜里有月亮的话。

……这就是街灯所能讲述的有关自己先辈的故事。可是不幸的是——

可爱的街灯
只管自己发光，
至于所见所闻，
就是闭口不讲。

书信的旅行

有东西啪的一声响，门里溜进了一个新的来访者。瞬息之间一缕微弱的光线投进了屋里，照亮了形形色色聚集在那里的一群。

走进一间奇特的房子——没有一扇窗，顶上有一个门，地板可以往外抽。那里的来客也不都是常见的模样：其中不少都穿着白的、湖蓝的、绯红的、蓝色的纸衣服。

这里应当补充一下，那房子很小，称不上房子，而是小屋，外面装饰着蓝颜色。至此，你即使非常不善于猜谜语，也明白了，这里说的正是普通的邮箱，聚集在里面的来客并不是人，而是书信。

这间小屋是最平常的邮箱

这里有装在各色信封里的书信、带图画的明信片和不带图画的明信片。信封上装饰着亮丽的邮票，上面画着科学家和作家、飞行员和矿工、舰船和飞机。有一只信封上根本没有贴邮票。这个不买票的旅客显然是打算等到达指定地点后由别人替它的行程付款了。

每一封信都有自己的特性，即使不打开信封也能判断。公函看机器印刷的地址就很容易识别。孩子们的书信不总是注意书写的规范。明信片是准备把转达给某个人的内容向所有人泄露的。它的性格就是这么坦诚！但是信封却严守自己的秘密，从它的外表说

不出它携带着什么样的消息——忧伤的还是欢乐的。

没有两封信是彼此相似的。虽然它们暂时聚集在一起，它们都将被分发到四面八方。

有些信准备走过遥远的旅程，越过海洋和高山、森林和草原。另一些信上路只是为了到达同一座城市的另一条街。

顶盖不时咔嚓咔嚓地响，新的来客越来越多地进入蓝色的小屋。它们已经感到有点儿拥挤了，突然它们下面的地板动起来了，几乎整块板都被拉出了蓝色的小屋。但是信件并没有掉到马路上。它们整整一堆都落进了邮递员接在下面的袋子里。

但是有一张印有醒目图画的明信片紧贴着袋壁，迟迟不肯出来。但就是它也没有被忘记。邮递员把手伸进缝在袋子里面的一只长长的口袋，在四周摸索了一下，马上就发现了明信片，原来它想捉迷藏。

信件的旅行就是从这儿开始的。

信袋被放到汽车上，和其他同样的袋子一起被运往邮政总局。

我们把信投入邮箱的时候，不会为它怎么寻找自己的道路而担心。我们知道，为了使信件不迷路，只要在信封上写上几个字就够了，即使它将要完成的旅程是通往西伯利亚茂密的原始森林，或者通往隐藏在高加索群山之间的峡谷。

如果这些被称为地址的神奇的文字书写正确的话，信件一定会正好到达它寄往的地方。

它是怎么找路的呢?

这方面有在邮局工作的人帮忙。

在邮政总局将信件分类

他们分拣信件，看哪封信该寄往什么地方。在邮政总局的一个大房间里，墙上装置了像小箱子一样的格子，它们的前面是开口的。每一个箱子里放入同路的信件，比如所有应该寄往列宁格勒和莫斯科与列宁格勒之间车站的信件。

同路的信件被打成一个包，一个个包被放进袋子，一个个袋子被盖上印章，然后放上传送带。这条传送带会自动把包裹送往院子里的汽车上。

于是同路的信件已经奔驰在前往火车站的路上，以便赶上行将开出的火车。

蒸汽机车鸣响了汽笛，火车开动了。

邮车向前进，向前进！

旅客中一些人在看窗外，另一些人在阅读，还有一些人在打瞌睡。

但是坐在邮车车厢里的人却没有工夫看窗外或打瞌睡。他们正忙于将信件归类并分放到架子上，不让一封信错过自己的车站。于是所有应当同时下车的信件归为一类，又一起放进了一个袋子。

火车在一个林间小站停靠。停车时间只有一分钟。而将信袋手递手地交出或者就地放在站台上，需要很多时间吗？那里已经有人在迎候信件了。它们被送往就在车站旁边的邮局。过了一段时间，乡村邮递员已经在村里的街上走了。

农庄的孩子们从家里迎着他跑出来：

“我们有报纸吗？我们有信吗？”

孩子们羡慕地看着自己的一个伙伴，他神气地带回家的不仅是报纸，还有一封来自莫斯科的大大的、厚厚的信。

大家都知道他收到了谁的来信：来自他的哥哥，一个大学生。

两天以后，全家马上把一封更厚的回信寄上了返程的道路。

它从挂在村苏维埃墙上的邮箱里来到村邮局，从邮局又到了邮车车厢，从车厢又到了汽车上，从汽车到了莫斯科邮政总局。

信封上写着：

莫斯科，A–40

列宁格勒大街40号371室

尼古拉·伊凡诺维奇·谢尔盖耶夫　收

在乡下，大家彼此都认识。可是在莫斯科要找到尼古拉·伊凡诺维奇·谢尔盖耶夫就不那么容易了。莫斯科有多少条街，每一条街又有多少房子，每一幢房子又有多少层，每一层又有多少人！

如果在邮政总局，信件马上就让邮递员去分发；乡村里怎么办呢，邮递员还不跑断了腿？他们可得从城市的一头步行到另一头。而且城市又不小：绵延很多公里。

为了使信件的递送简单而轻松，城市被划分成几个部分，每一个部分设立了邮政分局。

如果信封上写着“莫斯科，A–40”，这就表明信件应当从邮政总局送往首都的列宁格勒区，第四十邮政分局，在列宁格勒大街。

要知道寄往莫斯科的不是一封信。从四面八方驶往莫斯科的列车运载着成千上万的信件。为了知道哪一封信送往什么地方，怎么样才能更快地将这如山的信件分类呢？

这里还不能浪费时间：信件可不能长久耽搁。

这封信迅速找到了收信人

你想一想，如果通知你说：“我将在5号下午三点乘火

为了把信件送往各地，什么交通手段没有使用啊！

车到达莫斯科，来车站接我。”但是你得知这件事不是在5号，而是6号，那时火车早就开走了。

为了不使信件在邮政总局滞留太久，应当迅速将它们分类并送往各邮政分局。

在全国各地，无论工厂、矿井、矿场，人们都得到机器的帮助。

在邮政总局同样有减轻和加快劳动的机器。

那里有自动在信封上盖邮戳的机器。它工作的速度有这么快：一小时能盖三万个邮戳。那里有一根根管道，电报的译文就是沿着它们快速传递的。译文被放进一个长长的小圆盒。压缩空气把这个小圆盒从接收译文的大厅推向安装发报机的大厅。

但是最神奇的是能将信件按照邮政分局编号分类的机器。

它是这么大，几乎占据了整个房间。一边坐着女分类员，揿着按键，键上写有号码。另一边的墙上安有一个个箱子：有多少分局，就有多少箱子。

分类员拿起上面写着“莫斯科，A-40”的一封信，丢进机器，并按一下写有“40”的按钮。信在经过机器时就正好落进第四十号箱子。

那里包扎机开始工作了。它把应该送往同一分局的所有信件打成包。

几分钟以后装有信包的袋子已经飞奔在列宁格勒大街上了。在邮政分局又按地段将信件分类。每一个邮递员有自己的地段，他对它的了解如同自己的房间一样，即使在黑暗之中也不会迷路。

终于，来自农庄的那封信进入了最后的一个信箱，它钉在进入住宅——正好住着大学生谢尔盖耶夫——的门上。

我们对邮局已经习以为常，所以不会对它感到奇怪。

我们知道无论把信寄往何方，它一定会到达目的地。如果这个地方远离铁路，信件会从车站用汽车继续运送。如果它的路上出现湖泊或海洋，它就会在轮船上递送。如果要去的地方既无火车，又无轮船，也无汽车，信件就用飞机空运。

从农庄寄发的书信放在邮递员胸前的包包里

北冰洋上没有这样的岛屿，那里人们收不到家里的消息，自己也寄不出有关自己消息的信件。

邮政、电话、电报使我们辽阔无垠的祖国所有边疆、城市和乡村彼此联系在一起。

现在当我们在书里读到从前人们通信是多么困难，我们甚至不会相信。

十月革命以前我国还没有乡村邮递员。不仅村子里，就是大的乡村里邮箱也是稀罕之物。为了从乡下寄信，需要乘车赶往城里的邮局。在没有铁路和轮船的地方，邮件的递送不是用汽车，也不是用飞机，而是靠马匹和骆驼、狗和鹿。往往，一个人去往偏远的北方或沙漠，一去就杳无音信。家里人甚至不知他是死是活。

如果更远地追溯到过去的年代，我们会发现那样的时间离我们还并不怎么遥远，当时即使在大都市里，城市邮局还是新鲜事物。

一百年以前，莫斯科还没有一个邮箱。需要寄信的时候，不是把信带到邮局，而是小货铺，那里出售各种杂货。小铺子的门上写着："收受送往市邮局的信件。"当时也没有邮票。为了寄信，应当向老板支付二十戈比。

邮差一日三次走遍所有的小铺子，收集信件。邮差的外表很威严：头戴漆皮的制帽，腰间挂着短剑。假如邮差押运邮件去往别的城市，他还带着马刀。既然需要随身携带武器，可见运送邮件并不安全。

邮件用三套马车运送

邮件是用马车运送的，上面套着三四匹马。

路况是那样恶劣，邮差坐在车里装信的箱子上，在坑坑洼洼的路上左右不停地颠晃。

尤其在坏天气和道路泥泞期，邮差更不好受。而信件的遭遇更坏，它们经常被丢失。有时它们寄出以后过好多个星期才送到，人们读到的是已经不能称为新闻的新闻。

应当记住这些年代，从而真正地珍惜今天的邮政，以及数以万计的邮政工作者准确、快速的工作，是他们使遥远的城市和乡村与我们贴得那么近。

世上最精确的钟表

在钟表修理部即使师傅们已经下班，各自回家的时候，嘈杂声依然不停，只听到各个方向传来嘀嗒嘀嗒的声音。

大钟发出的嘀嗒声响亮而且慢悠悠的，中等的声音小一点儿，也快一点儿，最小的发出的声音就跟连珠炮似的，仿佛勉强听得见的絮语。

它们并不齐声发出嘀嗒声，而是相互抢话说。可以认为它们在争论着什么。但是就如有时常见的人与人之间的争论那样，这时每一个都只说自己的，不愿意听人家的。到了该敲响报时的时候，就响起了五花八门的声音，简直叫人听了巴不得赶快逃走。有的钟过早地开始报时，有些则相反，姗姗来迟，到别的都不响的时候，它醒了。

有的钟声音悦耳动听。但是它们刚开始自己的歌声，马上被几个老年人嘶哑的咳嗽声盖住了，后者已经很吃力地在钟面上移动自己的指针了。

有过这样的事，这些老头中有一个在敲响报时时开始语无伦次地说话，竟忘了刹车。有一次一口立在墙边地板上的大钟，中午该打十二下的时候打了三十三下，为此，修理它的师傅非常生气。

这口老钟已经八十岁了。师傅也已七十多岁。由于年代久远，镀金的钟面已经失去光泽，指针也发黑了。师傅的头发变白了，脸上布满了皱纹。钟的一生只做了一件事，就是报时。师傅也和钟表打了一辈子交道，努力使懒惰的改掉拖拉作风，性急的不要匆忙。

年老的师傅什么样的钟表没有打理过！他曾经修过铁路车站上的

钟、航海的仪表——精密计时仪、工厂里上下班的时候鸣笛的钟。这些钟表师傅修得特别用心。他心里清楚，它们走得准确是多么重要。如果航海的精密计时仪出现哪怕几秒的差错，舰船在大海上就会迷航。要知道精密计时仪是这样一种仪表，海员依靠它来确定舰船的位置。如果铁路上的钟表慢了或者快了，就有可能发生撞车。

让工厂里的钟准确报时是多么必要！那里的工作可全都是按时计算的。每一个工人都努力更快地工作，都很珍惜时间。有时候这里的时间不是按分计算，而是按秒计算。

所以老钟表匠想让自己修理和检查的钟表准确无误。但是他从来没有能做到使它们没有一秒的快慢。

早晨当老钟表匠来到修理部时，总是不满地皱起眉头，因为他看到所有的钟表显示的时间都不一样。

有一次一位老科学家走进了修理部，让修理自己的表。科学家喜欢钟表而且很在行。两个老人便交谈起来。

“我已经活了一大把年纪了，”钟表匠说，“可是没见过从来不慢也不快的钟表。没有这样的钟表，也不可能有。”

科学家笑了。

“不对，”他说道，“您搞错了，这样的钟表有。”

“在哪里？我倒想见识见识！”

“您自己就站在那块表上。”

老钟表匠不由自主地看了看自己的脚下，耸了耸肩：

“您怎么想到来嘲笑我？”

“我根本没有嘲笑

老钟表匠是一位行家

您，”科学家说，“我和您都站在地上。地球和星空是世上最精确的钟表：它们从来不慢也不快。”

下面就是老科学家对老钟表匠说的话。

* * *

地球围绕自己的轴心转一圈大约是二十四小时。但是我们没有发现地球在转。我们觉得地球停在原地没有动，而是天上的星星在动，仿佛在绕着同一个固定的点——天极[①]在画圆圈。

假如我和您站在一座大钟的分针上，看着钟面，我们同样觉得分针停在原地没有动，而钟面的数字在绕着我们转。

星空就是天钟的钟面。

现在窗外有一颗闪闪发光的明星。二十四小时以后它在天空走完了一圈，又回到了老地方。

这座天钟上没有可能沾染脏物和灰尘，以及损坏的机械。它总是走得很准，甚至没有千分之一秒的快慢。凭它可以检查世上任何钟表。为此应当不用肉眼，而是通过一根特殊的管子来观察星星。要知道你用肉眼不可能准确地看见星星是否回到了原来的位置。

有一个地方中间有一个圆形塔楼的大厦。塔楼里安装了一个望远镜—— 一根很大的管

这里有声音很响的闹钟，文雅地嘀嗒作响的台钟，还有不知为什么悄悄作响的怀表和手表

① 天极，文学上的名词。天文学上将天体投影在其上的具有任意半径的假想辅助球体称为“天球”；将穿过天球中心、平行于地球自转轴的直线称为“天轴”。“天极”是天轴与天球相交的两个点，一为北天极，一为南天极。北极星在北天极附近。

这间小屋里面放着测量精确时间的望远镜

子，通过它来观察天空。花园里，大厦的旁边，花坛之间，散落着屋顶能移开的小塔楼和小房子，那里也安装着用以观察拍摄星星的仪器。

这是国家天文研究所。坐落在花园里的小屋中，有一件放着用以测量时间的仪器。这是安装在石头底座上的一根不大的管子。

科学家通过这根管子观察的时候，能捕捉到星星在二十四小时内走完整整一圈，回到原地的瞬间——循着同一条路线：在天空由南到北经过天极。

科学家有一些表格，那上面标明按照恒星钟在什么时间这一颗或那一颗星星经过这一条路线。

这就是精确的时间，应当根据它来校正其余的钟表。

不过科学家就是看着管子里，也不相信自己的眼睛。帮助他跟踪移动星体的是自动记录仪，会用笔在纸上标出它的移动轨迹。与此同时，另一支笔在同一条带子上记下秒数和几分之几秒。科学家然后在研究这份记录时就会知道，当星星经过该条路线的时候，天文钟显示的是什么时间。

为了使观察不出差错，在普尔科沃天文台[1]给望远镜添加了“电眼”——一种比人眼更精确的观察星星移动的仪器。

我们的一位工程师想出了一种仪器，能打印星星经过的时间：多少秒，十分之几秒，百分之几秒。

人们就是这样根据天钟知道精确的时间。

天文学家测量时间

① 普尔科沃天文台，“俄罗斯科学院普尔科沃天文观测总台”的简称，1839年建于圣彼得堡附近。第二次世界大战时期遭德国法西斯军队破坏，1954年修复。

但是不管天钟有多好，还有一个很大的不足。就是最便宜的钟无论白昼黑夜，晴天还是雨天，都能显示时间；而从天钟上只有夜里才能知道时间，而且只能在天空无云的时候。

然而知道准确的时间应当在任何时候，白昼和黑夜的任何时刻。

有什么办法，怎么样学会把精确的时间保存起来，以便随时可以对时，而不必等待黑夜和晴朗的天气?

为此，天文研究所有一种最精确的钟——时间守护者。

为了让这种钟尽可能少地走慢或走快，它被保护起来，免受极小的震动，免受极其轻微的风吹，免受寒暑交替的影响。

钟内关系到走时精确度的最重要部分是钟摆。它对天气非常敏感。在炎热的天气，它摆得比较慢，在寒冷的天气开始摆得快起来。为了避免这一点，天文钟里的钟摆和钟面及机械是分离的。机械和钟面在上面——仪器室里。钟摆则住在下面，很深的地下室里，那里无论冬夏寒暑，温度计显示的是同一个或几乎同一个温度。

坚固的底座和厚厚的石头墙壁保护钟摆免受震动：即使载重汽车开过，钟摆也感觉不到。

为了使钟摆免受极其轻微吹动的影响，它被封闭在用铜的四壁和玻璃盖子做的套子里。套子里的空气被用气泵尽可能地抽空了。因为空气会因天气的变化而改变密度，钟摆对此会有反应：在密度较大的空气里，它摆动起来比较费劲。

钟摆是那么敏感，甚至在远处都能感知人体的温度。

所以人们尽可能少去地下室——一星期只去一次。

钟摆和自己的机械以及钟面怎么连起来呢?为此从地下室有电线通向上面的仪器室。

钟摆通过电线支配着机械和钟面，就像我们按下按钮让铃声响起来一样。

你看这钟有多神奇！它自己在上面，而心脏在很深的地下——一座带玻璃盖子的小铜屋里跳动。

这钟非常出色地守护着时间。它一昼夜快慢的误差不会大于二三千分之一秒。既然如此，那么即使在阴雨连绵的天气，在无法根据星星来对时的时候，仍然可以确定它的误差是几分之几秒。

人们就是这样发现和维护精确的时间，犹如发现和维护最贵重的珍宝。但是报时台不仅是为此而存在的。保持准确的时间就是为了向全国、向每一个需要的人报时。可是谁不需要呢？没有它，不仅铁路、机场、工厂、电站，而且剧院、学校、科研所，都无法工作。在十字路口，火车站的钟楼上每到晚上都会亮起明亮的时钟面盘。它们就是由时间守护者对时的。一天有好几次通过无线电广播报道几点钟。广播里既说话，又鸣笛。

我们谁没有听到过这样的话：

“无线电听众同志们，请对时。最后一响是莫斯科时间几点钟。”

随着这句话响起了响亮的嘀嗒声，仿佛房间里放进了一座大钟。然后嘀嗒声停止了，于是我们听到了鸣笛声。

这鸣笛的声音穿过了一切：乐队的奏鸣，欢快的歌声，最引人入胜的故事。但是对此谁也没有受委屈，因为每个人都在做需要做的事情。

克里姆林宫的钟声敲响了

河流和城市

从前，一条小河边有一座小城。小船带着货物沿小河来到小城。妇女们肩上挑着扁担，顺着陡峻的绿色河岸到河边打水。但是随着时间的推移，小城向四面八方发展，吞并了四周的村庄。通往城里的条条道路两边造起了房子。渐渐地，道路变成了街道。木头房子之间盖起了砖砌的房子。

城市变得越来越美丽和富裕。房屋不断地增高，住在这些房屋里的人越来越多。城市在发展，河流却依旧。对城市来说河流显得小了，就如你觉得去年的衬衫现在嫌小了一样。大的舰船无法沿着小河开到城边。可是小船能载多少货物呢？再说水也不够城市的需要。

人们开始考虑："我们的城市很大而且很富，是国内最主要的城市。它该建在大河边，好让来自所有海洋的舰船都能开到城边。可它偏偏建在一条小河边。眼看着城市要把小河喝干了。"

这个国家有一条宽广的大河。它宽到从河岸这面勉强能看到对岸。它广袤的水上交通穿越许多森林和草原。它的水非常深，最大的舰船都能通航。这条河什么都好，就有一点不好：离首都太远了。

人们开始动脑筋："我们有什么办法能把大河引到首都？"

说说容易，做起来难，因为河离城很远。难以通行的密林和高高的山冈分隔了河流和城市。水往低处流，可怎么叫它向山上流呢？

换了别人，这样的事根本不会搭手，可这个国家的人就非同一般。这样的奇迹他们以前没有创造过。他们齐心协力地干了起来，不久从大河到大城就开出了一条深深的河床。在山冈耸立的地方，河水

沿着巨大的梯级水闸，一级级地升了上来。顺着梯级水闸，巨大的舰船开进了城里。从首都到海岸路途非常遥远，可是来自五大海的船只依然能开进城里。

这个国家在哪里？

你就住在这个国家。

* * *

为了亲眼看到强大的伏尔加河如何穿越高山、森林和峡谷，流到莫斯科城郊，应当乘坐无轨电车到基姆希水运码头。

越往前开，电车敞开的窗外绿色植物越多。高尔基街上排成两行的椴树替它送行。在列宁格勒大街，椴树已经非常多，它们不再是两排，而是好几排。

电车就在这里停靠。

河还看不见，可任何东西都在诉说着跟河水有关的事情。公园的围栏装饰着铁锚和锚链，入口处立着一座雕塑，是一个将一艘帆船高擎在头顶上方的少女。

宽阔的林荫道沿着花坛通向仿佛一艘白色巨舰似的大楼。大楼四周是围廊，令人联想起船上的甲板。中央是一座带阳台的四角塔楼，犹如船长的桥楼。桥楼上方耸立着一座尖顶的高塔，仿佛一根桅杆，上面是金色的五角星。

水运码头像一艘巨大的白色舰船

你常去火车站，可是河上的车站你还没有见过。代替站台的是滨河的花岗岩码头。代替铁轨和枕木的是水，上面有鸥鸟在飞翔。代替

列车的是白色的蒸汽轮船和内燃机轮船。

在等待客轮的时候，去看看货运码头是挺有意思的。

从客运站到货运港口步行只要几分钟。

宽广的柏油地面的场地上停着刚到莫斯科的新型汽车，堆放着一摞摞汽车轮胎，仿佛巨大的橡胶面包圈，高耸着一堆堆装满小麦的袋子，一堆堆小山样的食盐在阳光下闪闪发光。所有这些全然不同的东西在这里有着同一个名称——货物。从前水运码头上由搬运工将货物从驳船和轮船上搬到岸上。这些人身高体大，肌肉很强壮。当需要将某一只庞大而沉重的箱子搬上岸时，搬运工就弯下腰，然后别人把这只箱子放到他背上。这需要的不仅是力气，还有机灵，使自己不要一下子折断了腰而晕倒在地。搬运工摇摇晃晃地在跳板上走着，努力将货物尽快送到并卸到地上。

搬运工驮着重物摇摇晃晃地在跳板上走

搬运工的年龄没有超过四十的。活儿是那么繁重，干不了多长时间。

如今我们的码头上有钢铁的起重机帮人干活。这些机器可是不知“疲倦”二字的。它们中有大力士，不费吹灰之力就把一辆载重汽车搬离了甲板，放到了岸边。

你看它们在岸上排成了队伍。从远处看去仿佛是一些伸出了长长的脖子、后腿着地站着的灰色巨怪。其中一台离开了原地，徐徐地沿着轨道移动。上面，装着玻璃的小亭子里坐着司机。起重机

如今码头上有钢铁的起重机帮人干活

来到停在码头边的货轮跟前，停了下来。长长的脖子——起重机的起重臂——转向了货轮。不一会儿，水面上一辆浅灰色的小轿车已经被吊在空中了。

这辆车还没有在街道和大路上行驶过，但是它已经完成了从高尔基[1]到莫斯科的航程以及从货轮到岸上的空中飞行。

人们在码头上也有帮手。甲板上有小型起重机，从货仓里搬出一只接一只的箱子。长长的皮带运输机把一袋袋货物送到岸上。河岸上快速行驶着一种样子像拖拉机的红色叉车。它前面伸出两只钢铁手臂。它开到一块上面叠着一摞汽车轮胎的木板前，把自己的铁臂伸到板下面，将它抬起，便向仓库开去。那里已经放着一堆堆同样的轮胎。铁臂将自己的货物再抬高，放到最上层。

不过该回到客运码头了，以免误了乘船。但是即使最漫不经心的旅客也很难迟到，因为广播里不时耐心而执着地说着：

“乘客们，‘列瓦涅夫斯基’号客轮正在上客。”

乘客们沿着狭窄的木头小桥——跳板从花岗岩的河岸走上轮船。闹闹嚷嚷、高高兴兴的人群占据了甲板上的座椅。客轮响起了悠长的汽笛声，似乎是在对莫斯科说：“再见！”

水道上闪耀着白色的和红色的浮标灯

滨河街似乎在缓缓移动，向后退去。每一秒钟水面都在变宽，将轮船和码头分开。船尾后面，轮船掀起的两道波浪宛如两条车辙，反过来向着河岸冲去。马路上有路标柱为汽车指路。水道上替代路标柱的是在左右两边呈链状延伸的白色和红色浮标。

浮标是连在铁锚上的空铁箱。每一只铁箱上装有电灯。每到晚上，这些灯都亮了，灯的链条就伸展在水面上。这时候你就不会迷路了。灯光就如一个个灯塔。

① 高尔基，即下诺夫哥罗德市，位于伏尔加河与奥卡河交汇处。

从莫斯科到伏尔加河的路程并不短：莫斯科运河有一百二十八公里长。这是苏联人创造的人工河。

一般的河流不会从下往上流，可是从伏尔加河到莫斯科的人工河一路上自下而上要提升整整三十六米，为此建造了宏大的梯级水闸。

你看从伏尔加河驶向莫斯科的客轮开到了第一梯级跟前。运河在这里是被大门隔断的。仿佛有魔力似的，巨大沉重的大门打开了，于是轮船开进了一条宽广的长廊——船闸。船闸左右两边的墙壁高高地升起来，闸门关闭，船闸里的水却迅速地升高。轮船也和水面一起上升。它的面前闸门又开了，但已经是另外两扇，于是它开出了船闸。

就这样，在这条非同寻常的河流里，水便一级级地上升。那梯级可不小，有八米呢。

怎么叫水违背所有规律向上流呢？为此在船闸旁边建有泵站。那里大功率的水泵将水顺着管道从运河压进船闸。

那么从莫斯科开出的轮船怎么沿着梯级船闸往下降呢？向下走不同于向上登。当轮船进入船闸以后，就把水放掉。水面变得越来越低。从船上看似乎两边的墙壁变得越来越高。其实是轮船和水在一起下降。

谁将沉重的闸门打开又关闭，谁指挥船闸里的水上升又下降？这都是在船闸的高塔里工作的人在做。

他面前的大理石墙壁上有许多像钟表一样带指针的仪表。沿墙壁放着一张坡度很小的斜面桌，上面按照严格的顺序排列着一个个小门把手似的操纵开关。如果扭动一个开关，闸门就打开了；如果扭动另一个开关，水泵就开始工作。塔里的人就像童话里的魔法师，操纵着船闸的全部生命。在扭动开关的时候，他能向各种机器下达八百五十个指令。世界上还从来没有过像莫斯科运河那样的运河。在离伏尔加河不远的地方，运河与谢斯特拉河[①]相遇。为了给运河让路，这条河

① 谢斯特拉河，俄国欧洲部分中部的一条河流，长一百三十八公里，下游流经莫斯科运河。

只好被关进了管道。人们在乘船行进的时候看到谢斯特拉河从运河底下涌将出来，流入辽阔的水域。

为了建造运河及其所有堤坝、水库、船闸、泵站、灯塔、码头，人们需要付出许多劳动。为了使伏尔加河来到莫斯科的克里姆林宫的墙下，只好筑坝将其隔断，它便大肆泛滥，形成了被称为“莫斯科海”的人工湖。如今轮船就在被淹没于水下的树木上方航行。

运河为莫斯科提供的水量比莫斯科河多了十二倍。

地球上有一条巴拿马运河。它连接了两个大洋——太平洋和大西洋。建设它花了三十多年的时间。可比它长四十七公里的莫斯科运河的建设只花了四年零八个月。

当你在轮船的甲板上眼望映照着两岸葱翠的斜坡时，很难想象人们在建设它的日子里创造了什么奇迹。

在运河两岸被挖开的斜坡上，强劲的挖土机从清晨工作到黑夜。火车头拉着运载泥土的列车呜呜地呼啸而过。

在尚且干燥的运河底部，卡车在行驶，人们在来回忙碌。

日复一日，无论凛冽的冬日，还是烈日当头的炎夏，建设者们顽强地将工程向前推进，千辛万苦地克服一切障碍：山岭、沟壑、泥沼。

在离莫斯科不远的地方，他们被一条山岭挡住了去路。但是人们没有退缩，也没有绕道而行，而是在山里挖掘了一条很深的凹槽，深到能容下一座五层大楼。

建设莫斯科运河只是苏联人要做的大量工作的一部分。

伏尔加河上建造了许多堤坝和水电站。

最大的水电站之一建在古比雪夫市，另一座在伏尔加格勒。

电流输入了莫斯科、伏尔加河流域的城市、距伏尔加河两岸几百公里外的农庄。

伏尔加河的水力使电气列车在铁路上飞驰，机床在工厂里转动，电气拖拉机在田间耕作。

一道道堤坝提高了水位，使河流变成了如锁链般串联起来的一个

个浩渺的湖泊。

船长们再也不害怕昔日使船舶经常搁浅的浅滩。

从在伏尔加河上航行的巨轮的甲板上放眼四望，乘客们觉得仿佛自己在大海上漂流。在有风的日子里，水库的水面上掀起道道巨浪。人们必须建造这样的巨轮，使它们对风暴无所畏惧。

安装在高高灯塔上的探照灯在夜间为船只照亮航道。

冬季破冰船在水库里航行。它们的船头爬上冰面，用自身的重量压碎冰层，给船只开路。

在炎热的夏季，伏尔加河水从水库沿着一道道灌溉渠流入田间。

伏尔加河-顿河运河连接了两条大河：伏尔加河和顿河。

船只从莫斯科到顿河畔的罗斯托夫所走的水路长达三千二百五十公里。

驶出莫斯科运河以后，轮船就沿伏尔加河驶向高尔基，一路上经过古比雪夫和伏尔加格勒水电站，然后向西拐，沿伏尔加河-顿河运河继续航行。

经过一系列梯级船闸以后，轮船登上了伏尔加河与顿河之间的分水岭，然后向下驶入齐姆良海，该海是顿河在齐姆良镇被截断以后出现的。从这儿到罗斯托夫已经不远了。

从罗斯托夫可以沿黑海继续航行，到达巴统[①]、索契[②]、敖德萨[③]。

这样莫斯科就成了五大海的港口。

轮船沿着梯级船闸向下驶入齐姆良海

① 巴统，格鲁吉亚属下阿扎尔自治共和国首府。

② 索契，俄国黑海沿岸港口城市，为海滨温泉疗养地和气候疗养地。

③ 敖德萨，乌克兰黑海沿岸港口城市。

以往从莫斯科走水路可以进入波罗的海、白海和里海。如今，自从伏尔加河-顿河运河通航后，又开辟了从莫斯科到黑海和亚速海的水路。

用堤坝隔断宽广的大河，建造人工海——水库，开挖像伏尔加河-顿河运河那样的水道，并非轻而易举的事。然而为此而需要的一切，我们的建设者都有：知识、经验、对事业的热爱、强大的机器。

就拿步行式挖掘机来说吧，这是五层楼高的庞然大物。它的铲斗大到能开进一辆小汽车。支持铲斗的钢臂长达六十五米。

再看看这个庞然大物的两条腿。它的腿上代替脚掌的是巨大的中空钢梁。

这钢铁巨怪向前挪动脚步时并不快。但是它的步子可不小——整整两米。

操纵机器的不是一般的司机，而是高校毕业的工程师。他面前的操纵板上有许多按钮。按下这些按钮时，这会走路的庞然大物一下子铲起十四立方的泥土，抛向旁边一百五十米远的地方。

再看我们的堤坝建设工地上有多么大的吸泥船。一台这样的机械一昼夜能掏出一千车皮的底泥。

在巨怪背上站在操纵亭内的人一面按着按钮，一面操纵着强大的电动机。如果用普通的铁锹挖土并用大车运土，需要三万五千个挖土工、一万五千匹马方能抵得过这样一台机器。

这样的机器以前还从来没有过。不难理解：人们从来也没有解过这样的题目，要这么快在这么庞大的空间改造自己的国家。

巨大的吸泥船在建筑工地工作

学校的故事

我们街上有一幢大楼，即使你记不得它的地址，也很容易找到。根据它宽阔的台阶，三排高大而往往深陷进墙里的窗户，一下子就能认出。这样的窗户、这样的台阶，你在街上别的房屋上是看不到的。还有一个确信无疑的标记：每天早晨手拿书包的孩子从四面八方走向宽阔的台阶。

这里连招牌也不用看，马上就清楚这幢楼是干什么用的。

世间万物都有历史。

学校也有自己的历史。

你也许认为学校里总是有课桌、教室的黑板、大礼堂、宽敞的走廊、图书馆、存放物理仪器和其他仪器的房间。

不是的，在古代，学校是另一番模样，读书的方式也不一样。

让我带着你一下子回到四百年以前。

让我们走近一间小木屋，也许能看出一点儿什么。

一张长长的桌子旁边，几个孩子坐在长椅上，他们穿着怪怪的衣服，长得拖到了脚后跟。靠近门边坐的是年纪比较小的，越往里坐的年纪越大。

在前面的角落里坐着一个蓄着白色大胡子的老头。他也穿着下摆很长的长袍。

他面前站着一个手捧书本的小孩，正在连珠炮似的念书。

“别念得这么快！”老头威严地打断他，“来，后面的再念一遍。”

这就是学校！不是我们今天的学校，而是古代的学校。

从前小学生的书包里放着识字课本、写字用的石板和羽毛笔

让我们看一眼桌子上放在一个学生面前的书吧。书页上有大大的字母，旁边有带题字的图画。显然，这是识字课本。字母和今天的不一样，词汇也是老的，不过还是能看懂。

这所学校里根本没有课桌。年纪大的和小的同时在一张长桌旁边上课。在那个时候，年幼的学生在按音节学字母表，年纪大的已经告别识字课本，正在死记硬背接下去的祷告书，或者从字母表临摹《字帖》——各式各样的训诫和格言。

“嘴上无毛，办事不牢靠。”

或者：

“若要学得好，切莫睡懒觉，师傅乐陶陶。”

当时称老师为师傅。能讨得老师欢心的不仅要勤奋，举止得体，逢时过节还得送礼。支付给老师的不仅是钱，还得有食品：面包和奶油、鸭子和小猪。

学生学完一本书，开始学下一本的时候，他在椅子上向老师的方向移近一个位置。这用我们今天的说法，就是升了一级。这一天他给老师带来一罐粥、包在一张纸里的十戈比银币。

一个新生被带进学校，这便是所有学生最开心的事。

父亲牵着儿子的手走进小木屋，对着圣像画过十字，再低低地弯腰向老师行礼。然后他们开始“谈条件”，谈老师给小孩教什么，老师的报酬是多少。

谈妥以后双方击掌，仿佛一个在集市上卖出了一件商品，另一个买进了它。新生向老师叩过头，便拿出藏在怀里的教鞭。老师交给他识字课本，让他坐在长桌的最末一端，离门不远的地方。

第一天的功课，新来的学生觉得长得没有尽头。

学生们跑回家吃过午饭，又回到了学校。老师不布置回家作业。不过学生们在各自回家以前，还得把书扣扣上（当时硬皮书上有金属锁扣），放到架子上。书不带回家。然后学生们应当扫地，揩灰尘，从井里打水。

在古代，学校是另一番模样，读书的方式也不一样

告别时，老师嘱咐孩子们回家路上“规规矩矩走路”，别彼此推推搡搡，别彼此扔石头。

早晨天刚亮，孩子又去上学了。

那时候读书累得很，什么都死记硬背，逐字逐句地背下来。

我们现在谁学会读一本书了，就能读另一本。可那时候有人，比方说，背出了一本课本，可能看不懂另一本。

因为这些书不是印刷厂里印刷的，而是手抄的，抄写的人很少想到自己的读者：手抄本里有时不仅词与词之间不分开，而且整个整个的句子中间没有逗号和句号，毫无停顿，一句连着一句。

这样一本书要毫无停顿地读下来，又不尝教鞭的滋味，你倒试试看。

更难学的是数数。代替数字的是字母。字母А表示一，字母Б表示二，字母В表示三。可是字母只够表示个位、十位和百位。只好增加符号。比如说，字母А在圆圈里表示一万；如果圆圈是用点组成的，就表示十万；如果圆圈是用短线组成的，就表示百万。用这样的方法表示的数字怎么背，怎么念呢？

不管愿不愿意，只好这么死记硬背。

那个时代识字的人不多。

不过对于几个世纪以前的事有什么好说呢！如果向老人们打听，他们会说，就是几十年以前也并非每个孩子都能上学。

有一个我们熟悉的老太太。她是不久前刚学会阅读的。她做到这一点很不容易：年轻的时候记性才好啊。为什么她童年时没机会上学呢？

附近没有学校吗？

这倒是真的，学校离他们村子不近，有七俄里[①]，还得经过一块沼泽地。

可问题不在这里。

当她还是个小姑娘的时候，就经常缠着母亲求个不停：

“让我上学去。”

“你凭什么去上学？你既没有靴子，大衣又破旧。”

于是给他准备了上学的用品

“不管怎么着，我还是要去。”

“哪儿见到过女孩儿家上学的！男孩儿也没有都去上学。女孩儿家上学更没有用。你长大了还不是嫁人？带孩子现在就会。女孩儿家要识字干吗？”

但是母亲经不住她死乞白赖的纠缠，最终还是答应了。

“得！等你学会了，就给死人祷告去。”

这时倒是女孩自己放弃了上学的念头：她害怕给死人做祷告。

她有个弟弟，也一直缠着要上学。开头家里就连让他去上学也不肯。

“你要当兵去的，那里会教你识字。家里就是不读书事情也够多的了。”

① 1俄里等于1.0668公里。

但是弟弟不退让。于是给他准备了上学的用品。虽然困难，还是置办了靴子，买了石板和石笔，母亲用碎布给他缝了书包，用来装石板和识字课本。

小男孩开始上学。可学校却叫他喜欢不起来。稍有什么不对，老师的戒尺就打到了头上，要不就跪沙包。袋子里装了很粗的沙粒，还有小石子，就让他跪这样的沙包。痛得很。有多少次同学们把这可恨的沙包扔进了哪个灌木丛里！可河边有的是沙。新的沙包又代替了被扔掉的。

稍有一点儿不对，老师就罚跪沙包

男孩上了三年学，当时乡村小学只有三个年级。他想继续上学，可没有地方。

每天早晨，孩子们都赶着去上学

如今大家都上完八年级，或者十一年级。谁要是喜欢科学，以后还可以上学院，上大学。那个时候乡村学校就像一条死胡同，从它那儿出来，再也没有路可走。

打个比方吧，你勉强会算，会读，会写了，你能签上自己的名字，而不必用十字来画押，行啦，你够啦。

那时候农民和工人的孩子是很难走上通向科学之路的。中学里难得能见到一个工人的儿子，至于农民的孩子就谈也不要谈了。

如今我们的孩子都必须上学。

最近的几十年里面，无论城市还是乡村，建了多少学校呵！

当红彤彤的冬日透过严寒的青烟从森林后面冉冉升起的时候，一群群小学生已经在乡村街道、村间土路、冰封雪盖的河面上行走了，老远就能听见他们响亮欢乐的声音。

眼看着出现了耸立在所有屋顶之上的一座高楼——村里最大的一座楼房。孩子们为自己的学校感到自豪——它有轩敞的教室、宽大的走廊、健身房、藏有那么多引人入胜的书籍的图书馆、集中了形形色色巧妙的科学仪器的实验室、小工场、生物角，那里饲养着各种会飞的、会游的、会跑的生灵。

城里的学生也许会纳闷，怎么从这里教室的窗户望出去见到的不是对面房子的墙壁，而是远方的森林和田野？

在有关无生物界的课堂上，学生中会有人从口袋里掏出在河岸上捡到的小石块，上面印有小贝壳的痕迹。当说到有益的植物的时候，老师的讲台上放着引人注目的苹果和梨子，那是少年米丘林[1]工作者在学校果园里培养的。

我们所有的孩子都上学。谁也不会没有文化，而且不可能有别的结果。

我们国家的生活建立在科学的基础之上。没有科学盖不了工厂，开不了运河，农庄的田地也不会丰收。

科学帮我们从事一切事业和工作。

登上科学高峰的第一级台阶就是学校。

---

① 米丘林（1855—1935），苏联生物学家和育种专家。

书城

绕地球一周，到达极地，登上最高山峰之巅，深入大洋深处，都不是那么轻而易举的事。

然而也可以停在原地旅行。这样的旅行既不要船只，也不要飞机。只要手里拿一本书，转瞬之间它就可以带着你到极地，上高山，下海底。

没有一艘船、一架飞机能带一个人到一本书带他去的地方。

你有自己的书架。其中最喜爱的书你读了又读，已经会背了。

你妈妈抱怨说，书买得再多也满足不了你。但是幸运得很，你现在成了一名学生，在真正的图书馆做了借书登记。

去那儿的路并不远：只要经过几幢房子。

孩子们坐在阅览室的几张长桌边。尽管所有位子都坐满了，室内却是那么安静，仿佛空无一人似的。只是偶尔听到某人的悄声絮语或翻转书页的窸窣声。

一些作家赞许地从墙上望着读者：普希金、莱蒙托夫、涅克拉索夫、高尔基……

最爱调皮捣蛋的淘气鬼在这里都成了安分守己的乖孩子。这不奇怪。他们顾不上调皮捣蛋！他们一面读着书，一面在地底下幽深的洞穴里漫游，或者在无人居住的荒岛上造船，或者和盖达尔[①]小说里的

① 盖达尔（1904—1941），苏联儿童文学作家，卫国战争期间牺牲。《丘克和盖克》是他的短篇小说。

想必你也在图书馆做了借书登记……

丘克与盖克一起在西伯利亚的原始森林里旅行。

图书馆的书架上书很多。

图书馆馆员怎么找到需要的书呢？

他有目录——图书世界的向导。馆员一面翻阅目录，一面寻找书名和地址：哪个书柜，第几架。

图书馆里有许多书柜，许多书架。但是如果你到过列宁图书馆，你会觉得一本书太小了。

莫斯科有一幢和别的房子不一样的灰色大厦。它是那么高大，你要数它的楼层，从最底层数到最上层，你头上的帽子会掉下来。大厦的窗户是那么密，彼此的间隔是那么窄，使人觉得似乎整个墙面就是连成一片的一扇巨大的窗户，用灰色的石头做了窗框。

在别的房子里，无论窗户还是窗与窗之间的墙壁都要宽得多，楼层之间的距离也比较大。

从外面看去，难以猜测那里面，这堵安装着几百扇闪闪发光的玻璃窗的墙壁后面究竟是什么？

莫斯科的列宁图书馆——一座真正的书城

图书就在这样的车厢里驶往阅览大厅

住在这幢安装着长长窄窄窗户的房子里的是什么人？

里面住的不是人，而是书。

巨大的灰色大楼是列宁图书馆的书库，这是世界上最大的图书馆之一。这里藏有几百万册图书——比住在莫斯科的人要多得多。

书库是名副其实的书城，有着许多大街小巷。

沿着条条小巷，就如房屋似的，排列着一个个书柜。

每一层的中间是一条主街，它的左右两边是小巷。

这座城里什么书没有啊！在厚厚一大本烫金的漂亮书卷旁边，栖身着一本穿着朴素的日常装束的薄薄小书。往往是这样一本不起眼的小书，远比它那烫金的厚厚的邻居会讲述更多的事情。见过不少读者、破破烂烂的旧书和刚刚出版的新书并排放在一起。它们不时地在从书城到阅览大厅的旅途上来回。当然，书自己不会走路。它们得靠运输。

一辆辆手推车犹如公共汽车，在主街上来回奔跑。它们把图书从电梯运往书架。

不过书城里的主要运输方式是电气铁路。它从书城驶往阅览大厅。

铁轨上来回走着电气列车。每一列车有两节车厢。在车厢里旅行的依然不是人，而是书。

列车开得很快，车轮发出叮叮当当的声音。在停靠站，它停下来，带上

这些书在图书馆的书架上搁不久

旅客。停一分钟后，它又上路了。

停靠站共有四个，可旅程的长度却有四百米，你得跨八百步。

就像一座真正的城市，这里有民警、消防队员、邮局、图书医院。

消防队员维持着秩序，留意着不让人抽烟。如果你抽烟，很容易把火柴或烟蒂丢在地上！

这里预先准备了对付火灾的武器，以防万一：消防龙头和长长的消防带，以及灭火机。

有时常常会有一本破旧不堪、伤痕累累的古书来到书城。在漫长的一生中，它被迫经受了许多磨难。它的书脊受潮发霉了。书页的角上能见到一些小孔，这是老鼠的尖利牙齿留下的痕迹。

这样的书马上就送进图书医院。那里帮它清除霉点，粘补破损的书页。

如果来的书没有了书皮，就给它加上封面。

书城里还有小工场，在那里工作的是图书的裁缝。他们给书籍做衣服——用书皮布料、皮子。

为了延长书籍的寿命，使它们有更长的时间为人们服务，它们在这里受到珍爱。

书籍的敌害——小甲虫、老鼠、蠹鱼是严禁带入的。

为了使书籍不生病，它们受到防潮的保护。

图书馆的工作人员关注着一点，就是使书城里的天气冬夏都一样——不太冷，也不太潮。这里的墙上到处都挂着温度计，还有这样的仪器——它们能显示空气是变干了，还是变潮了。

书城里还有邮局。当阅览大厅有读者需要一本书时，他就通过书信把书招到自己身边。

他在信里写上书名和它的地址：它在书城的什么街，几号书库。如果读者不知道地址，他就把信寄到“地址台”。那里坐着专门寻找图书地址的人员。他们有许多抽屉和卡片。每张卡片上写着书名和地址。卡片在抽屉里不是随便放的，而是按照字母的顺序：从第一个A

到最后一个Я。

信件从地址台发往邮局。

邮局在书城的地下停靠站。

那里的人从车厢里把信取出，放进轻便的铝筒。

每一个铝筒都往上送到有指定地址的那个楼层。

为此，书城里安装了类似电梯那样的升降机：一条宽宽的带子自下而上驶向所有楼层。带子上有一个个圆环，用来放铝筒，还有一个个袋子，用来放书。

将书放进运书电梯

铝筒随着带子一起快速升到楼上。当它升到信里指定的楼层时，它碰到了一只小钩。这只小钩把它钩出了圆环，于是铝筒沿着沟槽滚进了信箱。

信来到了书所在的那条街。现在该把它送回家了。这件事由值班的馆员来做。他犹如一个邮递员，从铝筒里取出信件，读了地址，就直接走到地址所示的那个书柜。现在信件终于到达了书的跟前。书从书架上下来，被送往阅览大厅。它要走的路实在不短。

首先，它和其他的书一起乘手推车在主街上行进。然后在书袋里下到地下室。接着书在车厢里从地下来到阅览大厅站。在那里，它又重新乘电梯升到读者等着它的那个大厅。

这一切经过的时间并不长，因为在建书城之前人们已经考虑得很周到了。

这里不许有别的做法。这儿有多少书，可不是闹着玩儿的！而且有多少人需要它们！

在列宁图书馆有十二个成人阅览厅和两个儿童阅览厅。每天来到这些阅览厅的读者达五千人次。假如图书馆的工作不安排得那么周密，为每个读者找书送书谈何容易！假如书城里的馆员们在楼梯上跑上跑下，一会儿跑上十六层，一会儿又跑上十八层，在几百万册书里去找出一本来，那会是什么样子？

列宁图书馆里有八百名工作人员。尽管如此，如果没有列车、电梯、图书地址台和图书邮局的帮助，他们仍然会累得上气不接下气。在他们到处找书的时候，读者不得不等上几个月。等到书终于来到阅览厅，读者早就不在了。现在需要的已经不是找书，而是找读者。他跑哪儿去了，怎么不来看书呢？可他早把书忘到九霄云外了！

不过还好，读者不需要等那么久。

你看他正坐在桌子边看书。他旁边是别的读者——大学生、教师、工人、工程师、医生……是啊，常来列宁图书馆的人怎么数得清呢！大家都在学习呢，从小孩到大人。厂里下班以后，车工、钳工、炼钢工在讲习班、青工学校学习。他们都需要书。

平常，哪儿人多，哪儿就嘈杂。但是阅览室里总是静悄悄的：说话的人悄声细气的，以免影响邻座。这儿连椅子都表现得很稳重：不发出橐橐声和嘎吱声。椅子脚下都装了软软的橡皮脚垫，穿上这样的靴子，椅子就不会橐橐响啦。

儿童阅览室是图书馆里最漂亮的。

这些古书不是印刷的，而是用羽毛笔书写的

在手稿部收藏着用羽毛笔书写，而不是由印刷厂印刷的书籍。因为曾经有过还不会印刷书籍的时期。这里有一些不是用纸，而是用小牛皮做的书。

一些古书的书页闪烁着银子和金子的光彩。这样的书里，标题的每一个字母、每一张画都是画家手绘和装饰的。

稀有图书不直接交到所有希望看到它的人手上，因为这样很容易将书损坏。不过每个人仍然能阅读它。

有些古书的精装封面闪烁着金银的光彩

那是怎么做的呢？

图书馆里有一个厅，那里珍稀图书像在电影院里一样，在银幕上展示。为此，工作人员用相机将书翻拍成照片。如果看照片，你就什么也看不清，那上面的字太小了。可照片在银幕上很大，所以全部内容能轻松地阅读。

舞台上的世界

话剧演出结束了。你和别的观众走出了剧院的大门。你的面前又出现了城市的街道、匆匆赶路的行人、汽车、无轨电车。你在剧院里度过的那段时间里什么也没有改变。可是你在感觉上恰似过了很多年，因为在这几个小时内，你几乎度过了一生。

大幕降落了又重新升起，舞台上的白昼变成了黑夜，夏变成了冬。你和剧中的主人公一起到过茂密的原始森林，倚身舰上的船舷，登上高山之巅。你在注视以往闻所未闻的人物的冒险经历时，完全忘却了自己。你发自肺腑地为主人公的成功而高兴。当险情威胁到他的生命时，你得提醒自己，这一切都不是真的，只是戏里演的。不过也许你仍然非常想冲到主人公身边，出手相助，或者对他大声叫喊，使得整个剧院都能听见，要他提防敌人的来袭。

自从你第一次进剧院以后，你所希望的只是最好能再次走进那里，因为你知道了剧院竟有如此神奇的力量。它不仅能带你去往别的地方，还有别的时代。

……人们在经过城市广场上的那座巨大建筑时，甚至猜不到在这些石砌的墙壁里面高耸着古代城市的一幢幢房屋和瞭望的塔楼。钟声正在敲响，俄国的军人头戴盔帽，身披铠甲，腰挂箭袋，手持长矛，正踏上征途，迎击来敌。

也许在漆黑的夜晚火鸟金色的羽毛正燃烧着熊熊烈火，一位善良的英俊少年骑着神马在大地上空翱翔……

剧院里什么样的奇迹你看不到！可是你曾否想过，这些奇迹是怎么产生的？森林怎么会迅速地变成城市，农舍又怎么迅速地变成宫殿？

剧院里什么样的奇迹你看不到！

剧院的墙外还是明亮的白昼，舞台上却已是黑夜，云层里月亮时隐时现。外面是炎炎夏日，剧院里却狂风怒号，下着鹅毛大雪。

你认为不借助魔棒的魔力就将农舍变为宫殿，让夏天下雪，在白昼招来黑夜，这没什么大不了？

为了做到这一点，剧院里安装了许多复杂的装置、机器、照明和音响设备。

但是人们在走到这一步以前经历了两千多年的时间。

古希腊和古罗马剧场的遗址至今仍保存着。它们完全不像今天的剧院。代替舞台的是一个露天的广场。代替剧场天花板的是天空。

我们的演员在舞台上表演。在古代的剧场里不在舞台上，而在露天的广场——半圆形歌舞场上表演，它和观众之间没有幕布分隔。

观众的座位呈马蹄形包围半圆形剧场，而且呈阶梯状层层递高，使坐在前排的观众不挡住后排观众的视线。现在的体育场和马戏团的座位也是这么安排的。

古希腊和古罗马的剧场演出在露天进行

“舞台”一词来源于希腊词“景屋”，最

初是演员更衣的小板房，后来扩大了，它的墙壁上开始描绘和装饰立柱与塑像，使它具有宫殿或庙宇的样子。

当剧场从露天搬进室内，到达屋顶下面以后，它全然变了样。舞台的形状变得像只巨大的匣子，半圆形剧场变成了观众厅，并用幕布将两者分隔。出现了形形色色的布景，根据每个剧本的需要而各不相同。

不过这一切变化都不是一下子发生的。

仅仅在三百多年以前，上演莎士比亚悲剧和喜剧的伦敦寰球剧院[①]里还没有任何布景。演员走上舞台时自报剧中事件的发生地：在街上，或花园里，或宫廷里。观众就相信他所说的。这样的剧院还完全不像我们今天的剧院。这是一座没有屋顶的圆形建筑。幕布只挂在舞台上方。演出在白昼日光下进行。如果需要表现夜晚的情节，就拿出火把，或者演员在舞台上蹑手蹑脚、小心翼翼地走路，仿佛身处黑暗之中。

舞台被一块可向两边拉开的幕布隔为两半。幕布前方的位置被当成街道、广场、战场。当幕布向两边拉开时，剧情就移入了室内。在后半舞台的上方，还有一个突出的平台，其实这是在需要的时候被当作塔楼或山崖的。

眼睛看不到的地方，就用来补充观众的想象。看戏的都是普通人，要求不高。伦敦的作坊师傅、水手、搬运工愿意站上几个小时观看演出。

应当说，这个剧院的观众厅完全不是今天的样子。它的整个中央部分都被当时所谓的“院子”或“天井”所占。那里既无长凳，也无椅子，那里的观众不是坐着，而是站着看戏。

围着院子的是三排有座位的楼座。

王宫里的剧院就要豪华多了。那里的观众也不一般——不是作坊

① 寰球剧院，伦敦著名剧院。1599年建成。1613年在演出莎士比亚的《亨利八世》时起火，剧院毁于一旦。1614年重建。1644年为了给兴建出租公寓腾场地，被拆。

师傅和水手，而是御前侍从和贵妇。演出在晚上进行，用油灯和蜡烛给舞台照明。这里已经有布景，画在粗布上，用框子绷着。

古代观众在剧院里看戏不是坐着而是站着

俄国也有过这样的剧院。1672年根据沙皇阿列克赛·米哈伊洛维奇的敕令在普列奥布拉任斯克村皇宫内建造了“戏剧院”。这是一幢巨大的木质建筑。里面安放了“大坐箱”——木板台和“架子”——呈梯级递高的观众座席。布景用羽毛笔画成。光是一个“天空”就用了三百六十米呢子。沿着舞台的前沿是长长的一排插着油脂蜡烛的木盒。

沙皇坐在舞台前的椅子上，替皇后和公主设置了笼室——封闭的包厢，她们透过栅栏向外看。这样做是为了使她们能看见外面，她们自己却不为外面所见。有几个观众就站在舞台上。

首场演出使沙皇龙颜大悦，所以他在剧场里待了整整十个小时：既看了《喜剧埃斯菲丽》，又看了逗人的《喜剧约瑟夫》，还看了感伤的《喜剧亚当与夏娃》……

一个世纪接着一个世纪，时间过得越久，剧院里的表演越是丰富多彩。舞台前面出现了乐池。舞台的照明也更加强烈。每一幕剧都有专用布景，画在装着画框的画布上。

为了有地方安置多余的布景，舞台上方、屋顶下方还设置了上层的第二舞台。从那里放下用长长的绳子吊着的云彩、月亮、太阳。又从那里飞下神祇、天使、龙，他们同样不能没有绳子，尽管他们肩膀后面有翅膀。

除了上层的舞台，还出现了下层舞台——在地板下面。剧本里规定有的一切——魔鬼、幽灵、妖魔的城堡，都从这里坠入“地下”，又从这里蹿出“地面”。

剧院就是这样不断地变化着，直到成为今天的样子。

你从观众席的位置当然是看不到剧院内部是怎么安排的。但是假如允许你参观的话，你会发现天花板下面很高的地方，紧靠着屋顶的下方，有几十根很粗很牢的绳索，像琴弦一样绷得紧紧的。它们套在滑轮上。绳索的一头系着重物，另一头吊着巨幅带框的画布。画布上画着布景：房屋之间有着迤逦曲折街道的村庄，或者远处有着舰船的海岸，或者积雪的山峰，或者就是房间的墙壁。

沿着上层舞台左右两侧的墙壁，各有五层带栏杆的有机械装置的游廊。工作人员就在这些游廊里来回走动，将布景提起或放下。

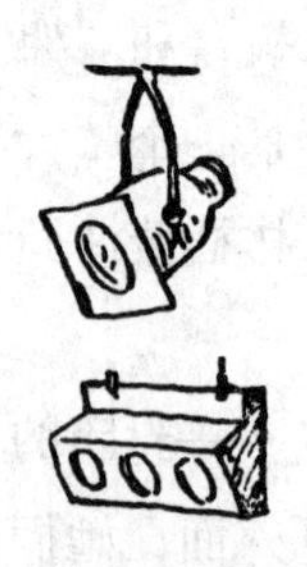

当你利用幕间休息的时间坐在小吃部的小桌边，安闲地品尝咖啡的时候，上层舞台上正忙得不可开交。副导演正命令机械师收起森林，在它的位置放上高山。于是森林马上沿着绳索上升到天花板下面，取而代之的是正在下降的群山。

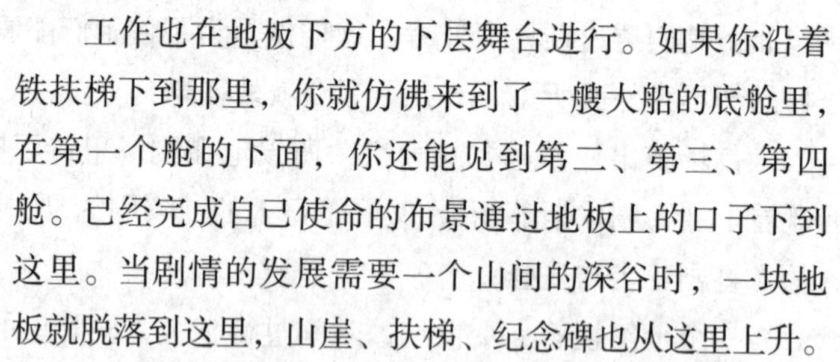

工作也在地板下方的下层舞台进行。如果你沿着铁扶梯下到那里，你就仿佛来到了一艘大船的底舱里，在第一个舱的下面，你还能见到第二、第三、第四舱。已经完成自己使命的布景通过地板上的口子下到这里。当剧情的发展需要一个山间的深谷时，一块地板就脱落到这里，山崖、扶梯、纪念碑也从这里上升。

第一个舱内有一间灯光师的小斗室，他管理着光和影的变化，白昼和黑夜的交替，日出和日落、月光和落霞的回光。他可以让舞台上一片光明，也可以只将小小的一束光打到一个演员脸上。

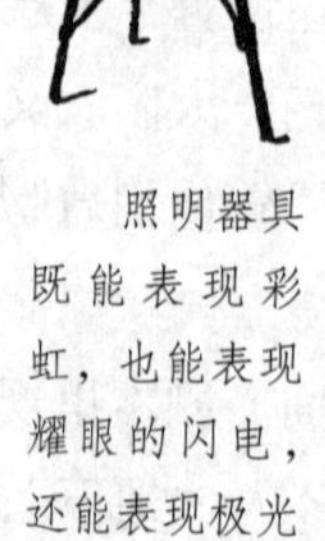

照明器具既能表现彩虹，也能表现耀眼的闪电，还能表现极光

借助照明器具、探照灯、各种奇妙的灯具，没有他表现不了的自然现象。他可以在舞台上空燃起火灾现场的反光和极光，使天空出现彩虹，让耀眼的之字形闪电划破漆黑的夜空。以前云彩是用绳子吊着从上面放

下来的。现在为了表现云彩在天空飘移的景象，只要打开专门的照明器具就可以了。

那么声音呢？为了在演出的时候能听到雷声滚滚、大炮怒吼、钟声齐鸣、狂风呼啸、牛群哞叫，怎么办呢？为此“灌音器”——录有声音的唱片或磁带被利用起来了。副导演只要命令扬声器里传出阵阵的风声、海浪拍岸的声音、机车汽笛的鸣声就行了。

副导演犹如桥楼上的船长，站在控制板前发布命令。他的前面是麦克风、按钮板和闸刀开关。他按下按钮，对着麦克风说：“乐队准备！”于是提琴手马上拿起了琴弓，长笛手把长笛凑到嘴边，小号手则拿起了小号。

副导演发出信号，于是幕布拉开了。他说“打灯光”，于是明亮的阳光照上了舞台。

按照他的命令，工作人员把一些布景放下去，另一些提起来。装有塔楼、山崖、楼梯的平车从右面和左面推上舞台。

以往无论柱子、楼梯、山崖还是树木，都是画在布景上的。但是这种画出来的岩石不能坐，从画出来的窗户里也不能往外看。往往发生这样的事，山崖和柱子会因为微风的吹动而当着观众的面晃动起来。

为了使舞台上的世界更像真实的世界，美术家们只好当起了建筑工人。他们不仅要画布景，还要用胶合板、白铁皮和其他形形色色的材料搭建布景。

但是布景越复杂，它们的更换和安放也越困难。要知道将画有城堡的布景用绳索往上吊是一回事。将用木头搭建的一座城堡搬上舞台再运走是另一回事。

美术家只好求助于工程师。为了迅速更换布景，想出了从底仓出来的升降平台，还有沿着轨道开上舞台的平车。不过对这方面帮助最大的要数旋转舞台。

巨大的圆形舞台分成几个部分。一部分做成房间，另一部分做成花园，第三部分做成街道。

一个什么都在上面安排停当的圆圈装在小轮子上，这些轮子在一圈轨道上无声无息地滚动。当底仓里的电动机开动的时候，圆圈就开始绕着轴心旋转。只要几秒钟就可以让房间换成花园，花园换成街道。还能做到让观众看见演员从房间里走到花园，从花园走到街上。为此，演员应当走到一边，舞台则转向另一边。

工程师发明了不少的机器、器具和巧妙的装置，使舞台上的世界看起来像真实的世界一样。说到头，剧院里和生活中一样，主要的不是机器，不是器具，而是人。没有演员就没有剧院，开始没有机器它照样能够存在，而且以前就存在过。

孩子们在自己的夏令营里也演戏。那里什么都简简单单，没那么多名堂。小块林间空地就是观众席。灌木丛就是演员从后面出台的侧幕。

灌木丛的后面藏着“布景管理员”。需要远处发出列车开过的声音时，“管理员”装出的鸣笛声并不亚于真正的机车。

演出过程中需要风雪大作时，他开始呜呜地吹起来，叫你听到声音就背上阵阵发冷。

在这个绿色的剧院里，连大幕也是绿色的——一块用绿色树枝编织的挡板。

风

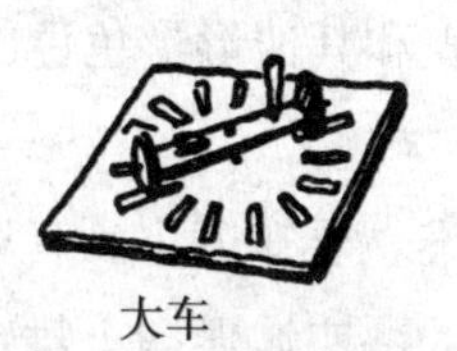

大车

拍岸浪

这些不费多少脑筋的器具在剧场里模仿了狂风怒号、海浪拍岸、大车辘辘驶过的声音

挡板的框子是用木棒扎成的。框子的上面两个角拴着绳子。只要管理员把绳子放下来，挡板便在草地上放平了，戏就开场了。

当他拉紧绳子，挡板就竖起来，靠在了插在地里的木桩上。

要摆放道具时，只要把夏令营的桌子、长椅、凳子、旧箱子、床单、一块块胶合板搬出来就行了。用这些材料搭建学校，或者农庄的街道，或者古城墙，该是多么快乐的事啊！

如果导演戏导得好，演员的表演又生动而配合默契，那么万木丛中就会爆发出经久不息的掌声，使林中的鸟兽受到惊吓。

马戏团

一匹马身体稍稍向着圆圈的中央倾斜，正绕着圆形马戏场奔跑。骑马的女子穿着有闪闪光点的短裙，一只脚勉强踩在马鞍上，张开双臂站着。要是你尝试一下用这样的姿势——在马身上站着而不是坐着，在马戏场里跑圈儿，恐怕还没来得及弄清怎么回事，就已经摔倒在地了。

骑马的女子却表现得那样安然自若，仿佛她的身子底下不是马，而是平坦不动的地面。

你看她轻松愉快地朝前向上跳了出去，一眨眼她就要摔得头破血流了！可是，不！在骑手完成自己飞跃动作的短暂瞬间，奔马正好来得及跑过这段距离，使骑手的双腿能够重新碰到自己运动着的支撑物。

在围绕马戏场四周的座椅上紧张地观看这个场面的大小观众，齐声鼓起了掌。他们赞叹骑手的灵巧。但是这里需要的不光是灵巧，还要有精确的估计。

还在建马戏团的时候，就盘算着当它不是个马戏场，而是铁路车站或者工厂。

建筑物中央的跑马场不是像剧院的舞台那样做成方的，而是圆的。难怪俄语里“马戏”这个词就是“圆圈”的

观众赞叹骑手的灵巧

意思。

难道在剧院四方形的舞台上，骑手能一只脚踩在马鞍上，这么胸有成竹地一面奔跑，一面做出复杂的技巧动作？当然不可能！在每一个角落拐弯的地方，马匹都要变换步伐。把希望寄托在如此不可靠的坐骑上是危险的。

剧院里有时也会有一匹活的真马上台，这让人觉得是别出心裁的事。观众不是看表演，而是目不转睛地盯着这个新登场的角色，仿佛平生第一次见到马似的。它则惴惴不安地一脚一脚地迈着步子，挥动着尾巴，可以明显地看出，它觉得在舞台上很不自在。说来也是，在剧院里叫它怎么发挥自己马的才干呢？

要是它想在这些不稳固的树木、塔楼和宫殿之间碎步小跑或恣意奔跑，说不定就把某一棵壮实的橡树撞翻或把宫殿的墙壁穿透了。

在马戏场，马能得其所哉，连跑马场的大小也替它算计好了。

如果圈儿太小，马会感到逼仄，没有地方施展；如果太大，它的奔跑就不好驾驭。

应当说，无论对马的特技训练做得多么好，还是得看着它，纠正它的缺点。当表演技巧的骑手双手倒立在马鞍上，做着手翻和腾空翻的时候，他当然不可能亲自驾驭马匹。做这件事的是手持长长的鞭子站在跑马场中央的那个人——马戏场监督。他在这里就好像乐队的指挥。

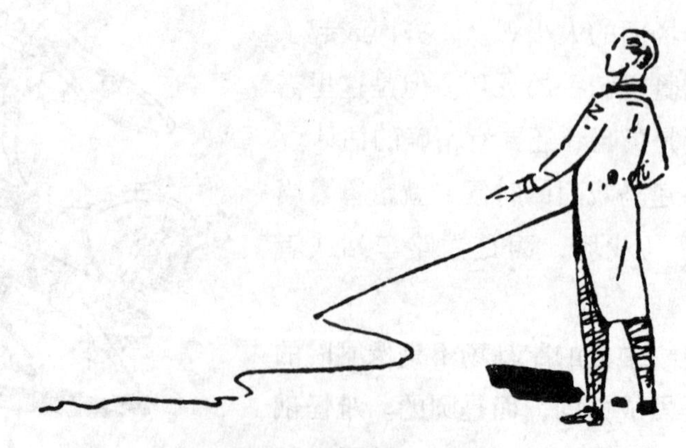

马戏场监督就好像乐队的指挥

指挥叫琴弓、定音鼓的演奏速度和鼓点的节奏时而加快，时而放慢。

马戏场的监督则支配着有生命的乐器——马。当它偏离了正确匀称的步伐时，他马上叫它纠正错误。他轻轻地用长鞭杆子的一头碰碰马的肩膀。受过良好训练的马感觉到鞭杆的触碰以后，就对这习惯的信号做出反应，放慢或加快步伐。不过马戏团的马不光是绕着圆圈跑步。它们自己还要进行没有骑手的表演——姿态优雅地跳华尔兹舞，在跑马场里画“8”字，把双膝跪下来有趣地鞠躬，把两条前腿搭在四周的围栏上，后腿踩在跑马场地上走路，或者跳上围墙，像在小道上似的沿着它跑步。

四条腿的演员在跳华尔兹舞

坐在前面几排的小孩子看到马在离他们那么近的地方奔跑，往往会感到害怕。其实没什么可怕的。马很驯服。而且什么都考虑到了，不会出不愉快的事。

为了让马戏团监督的鞭子能够得着马，从马到跑马场中心的距离应当不超过鞭子和人伸直的手臂的长度。鞭子的长度应当方便他拿在手里。

不管你走进哪一个马戏场，你可以看到圆圈的大小都一模一样。

但是问题不在马戏场的大小。马奔跑的地面以及马戏场四周的围栏都很有讲究。

在戏院里，谁也不会在舞台上撒锯末。可是在马戏场里需要让马的脚下有锯末，锯末下面是紧密而有弹性的地面。准备这样的地面可不是件简单的事。如果没有周密的考虑同样不行。

你是否发现，在弧形小道上跑步，或骑自行车拐弯的时候，人们不由自主地会将身体向圆圈的中心倾斜？

飞机拐弯的时候也倾斜，一个翅膀高，一个翅膀低。

到你学物理的时候，你会知道，这是一种称为离心力的力量在起作用。这种力使有轨电车在弯道上车厢稍稍有点儿倾斜：所以在这些地方外侧的铁轨做得比内侧的高。

同样的情况也发生在马绕着马戏场奔跑的时候。它的整个身体向中心倾斜。为了不让它的蹄子打着围栏坚硬的墙壁，人们就把锯末耙向墙边。

所以，由于离心力的关系，马戏团的跑马场地面不是平的，而是像一只四边稍稍高起的碟子。马在奔跑的时候它的蹄子不是打在坚硬的围栏壁上，而在撒到墙脚边的松软的锯末上。

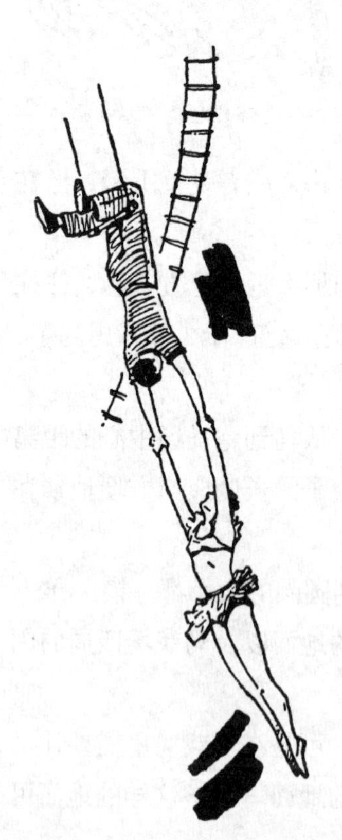

在马戏团“空中舞台”上的杂技表演

那么围栏呢？能不能在建造它的时候不加考虑，随意而为呢？

不行。如果它造得太高，马的前蹄就够不着；如果造得太窄，马会滑下来，而且当它需要像在小道上那样跑的时候，会失足。

观众只看到那里的技艺和机巧，其实还需要数学上精密的考虑。

你永远不会把马戏团的建筑和别的建筑混淆起来。它是圆形的，因为它的中央是圆形的跑马场，而跑马场的四周则围着阶梯形的观众席。这个建筑戴着一个巨大的半球——圆顶。这也不是偶尔为之的。

在戏院里，观众不需要仰天向上看。演出总是在他们前方进行，而不是上方。

在马戏场，除了跑马场，还有“空中舞台”。在这个紧靠着圆顶的空中舞台，演员也是“空中的”，被称为“空中杂技演员”。在飞机发明以前很久的时候，他们已经征服高空了。

他们没有翅膀。他们却依然飞翔。

你看，一名杂技演员沿绳梯登上一个小小的平台。他抓住马戏场圆顶下挂着的吊杠，从平台上滑下来，便开始做各种别出心裁的技巧动作。他抓吊杠有时用双手，有时用膝部弯曲的双腿。但他还是抓得牢牢的。突然，他放掉吊杠飞了起来！观众吓得闭上了眼睛：难道他不要命啦？他可是在马戏场上方几层楼高的地方飞啊！但是在接下来的一瞬间大家轻松地舒了口气：飞过几米以后，空中杂技演员抓住了另一根吊杠，终于站到了平台上。他面带微笑，向观众挥手致意。他可并没有受什么惊吓。

这时，另一个空中杂技演员已经从对面的平台上迎面向他飞来。他们从一根吊杠飞向另一根吊杠，做着各种各样的动作。害怕是用不着的，因为一切动作他们都胸有成竹地进行着。两名演员又安全了——站到了平台上。他们在做动作时需要多少勇气、机灵和信心！为了进行无翅飞翔，在空中翻筋斗，头朝下从圆顶下面像跳水运动员跳水一样俯冲，又需要多么精确！不错，下面有网，它及时接住了空中跳水员。但是那一个在下坠时又创造了灵巧的奇迹。他没有像一只袋子那样坠落下来，而在距网几米的高度及时翻了个身，舒舒坦坦地用背部躺在了网上，仿佛躺在家里的沙发上似的。

在这方面，连每十分之一秒和每一厘米都要考虑到！

然而精确的考虑不光在这方面。要使圆顶能吊住空中演出所需要的一切器具——吊杠、圆圈、圆球、飞机，还有，要使这些器具能承受人的重量，而且是在运动之中，就得使钢索和绳子十分可靠，圆顶造得十分牢固。考虑它要能承受

五彩的圆圈仿佛粘在了手技演员的手上

几十吨的重量。

在戏院的天花板上可以挂上有几百个灯的巨型枝形吊灯架，可马戏场里所有的空间都应无所遮拦。布置照明器具时要使它们不妨碍演员的表演，观众的观看。

然而人们在马戏团里征服的不仅是空间，他们在水上同样创造出机灵和勇敢的奇迹。当节目中有水上表演和水手哑剧时，跑马场变成了湖泊，一条瀑布从上面的缝隙里飞流直泻，落进湖里。在这个水上舞台可以演出戏院里不排演的戏剧：船舶失事，搜救溺水者，攻击舰船。

跑马场怎么变成湖泊的？

为此要在场地上铺上防水布，布的边缘向上提起，固定在支架上。

观众厅的墙外很高的地方放着几个水箱。给水加了温，使演员游泳时不感到冷。汹涌的水流当着观众的面沿着坡面流进水池。几分钟之内就造成了一个水深一米半的湖泊。

这可能看起来像个奇迹。然而这不是奇迹，确确实实是一件深思熟虑的杰作，是以良好的技术知识为基础的。你在马戏团里什么样的神奇场面看不到！观众仿佛觉得走进了一个童话世界，那里正在发生最令人惊异的变化，那里人会突然消失，不知又从哪里冒了出来，那里的一切闪耀着神奇、变幻莫测的光芒。

这是童话故事，但是故事的背后隐藏着科学。为了借助发光颜料、探照灯、镜子、神奇的灯光和其他种种器具与设备创造所有这些奇迹，需要学习许多东西，做许多工作。

现在你坐在马戏场里观看魔术师和杂技演员的表演，观看这些人在圆顶下面飞翔，走钢丝，彼此爬上肩膀叠罗汉，组成人体的立柱和金字塔，让狗熊骑自行车和摩托车，让海狮用鼻子抛彩色的小丑帽和皮球。你感到既有趣又高兴。但是你甚至没有想到，为了做到这一切，需要付出多少顽强而耐心的劳动、知识、充满热情的思想。

就拿海狮来说吧。你知道吗，为什么偏偏让这种野兽来做抛帽子和皮球的杂耍，而不是别的野兽呢？这里没有科学知识，没有对动物

生活的研究，是做不到的。观察大自然的人发现海狮喜欢戏耍自己的猎物：它们用鼻子把鱼抛上去，再把它抓住。驯兽师利用了这个观察所得，就教会了海狮灵巧地表演杂耍。

海狮有时会发出类似笑声的声音。

著名的驯兽师杜罗夫①注意到了这一点，于是做到了当他对它说“笑”时，海狮就哈哈笑起来了。

弗拉基米尔·列昂尼多维奇·杜罗夫为使动物服从他的意志，一生都在研究它们的习性和癖好。虽然他从不给动物施加痛苦，它们却对他服服帖帖。

下一个节目是驯狮

狮子贝比用吻部含住一支粉笔，努力在教室的黑板上画杠杠。与此同时，课桌后面像模范小学生似的坐着形态各异的鸟兽，看着黑板：狐狗比克、救冻犬劳得、驴子、小牛、猪、鹈鹕、海狮。

它们面前的课桌上放着木头做的书本，它们在努力翻阅书页，有的用口鼻，有的用猪鼻子，有的用喙。要解开这个谜很简单：书页下面放着某种美食。但是要教会动物一面规规矩矩地翻书，一面得到美食，并不那么容易。

当年老的救冻犬像狗狗经常表现的那样因为不耐烦而打哈欠的时候，杜罗夫就对它批评指正，还拿课堂上不打瞌睡的邻座做它的榜样……

---

① 姓杜罗夫的两兄弟弗拉基米尔（1863—1934）和阿纳托利（1864—1916）是俄国著名的驯兽师和马戏演员，由他们和他们的后代组成的杜罗夫家族是俄国的马戏世家。如今在俄国尚有于1912年在莫斯科创建的杜罗夫驯兽场，以科学方法驯兽。

就这样，杜罗夫利用各种动物的习性和能力，使自己那些长尾巴的和长翅膀的演员扮演各种可能的角色。

还有，小小的狐狗和心地善良的巨兽大象是不会引起观众恐慌的动物。

可是马戏场里表演的还有凶猛的野兽——老虎、狮子、豹。

在这种情况下，马戏场就变成了动物园。

这时就产生了一道习题：使野兽不能扑向人群。

驯兽师知道如何教育和对待野生动物，使它们不会碰他。他勇敢地和狮子或老虎并排躺在一起。

不过还得让观众也不担心自己的生命安全。

动物园里野兽待在笼子里。马戏场里也需要把野兽和观众分隔的笼子。这个笼子应当足够大。从笼子到野兽生活区的通道应当有铁栅栏隔开。

为了不使观众感到枯燥，一个可笑人物——小丑出来给大家逗乐

马戏场的建造者解决了这道题。每个常看马戏的人都记得，铁条向里弯的高而牢固的栅栏在马戏场周围竖起来的速度有多快。

马戏场里的一切，直至最小的细节都考虑得十分周全。这里没有任何意外和多余的东西。

你看，在两个节目之间，机灵的骑手快出场的当儿，跑马场的工作人员用耙子把锯末耙向围栏。他们就在观众面前做这件事。马戏场里可是没有幕布的。

为了使观众不感到枯燥，一个可笑的人物来给大家逗乐了，他头戴一顶小帽子，身穿一件短上衣，还有一条过肥过长的裤子。他做出帮助马戏场工作人员的样子，实际上只是给他们帮倒忙。他用自己皮鞋翘起的脚尖抛撒锯末。他在所有人身边绊脚跌倒，爬

起以后又跌倒。与此同时，他努力表现得比别人做得多。他筋疲力尽地坐下来，口吐大气，连连擦汗。观众哈哈大笑。他们清楚地知道，这个可笑而笨拙的人在塑造什么形象。他在嘲笑无所事事的人，他们什么事也不做，却装出做事的样子。

他在佯装傻里傻气的时候，是教育人们做事要聪明理智。他嘲弄的是偏见和迷信，揭露的是恶习和缺点。

他故意装得笨手笨脚，什么都不会。可当他和骑手、技巧演员、手技演员逗乐的时候，显得非常灵活，什么都会。这是在给观众上课：看人不可凭表象，要看他做得怎么样。

小丑闹的每一个笑话，经过训练的动物表演的每一个寓言，不仅可笑，而且很有教益。

马戏团既让我们娱乐，又使我们得到教益。

原来人可以变得那么有力量，那么灵活和勇敢！

看着会飞的人——空中技巧演员，看着勇敢的马术演员和走钢丝演员，看着灵活得令人望尘莫及的手技演员，我们在想：原来人可以变得那么有力量，那么灵活和勇敢！

学校和城市里的生物园地

任何一所学校都有一个生物园地。被人们如此称呼的是一个房间，那里一个笼子里养着兔子，另一个笼子里养着刺猬，第三个笼子里养着苍头燕雀，第四个笼子里养着老鼠或豚鼠。

这里还有玻璃鱼缸，缸里在普通的鲫鱼中间有一条模样奇怪的鱼，长着一双暴突的眼睛，一个像扇子样的尾巴。

这里还有饲养箱，里面在石子中间躲藏着一条动作灵活的蜥蜴。

你已报名参加少年自然界研究小组，每个星期将值班管理生物园地。值班的人要操心的事可多哩：课前课后要及时清理笼子，给兔子喂白菜，给苍头燕雀的饲料罐里放黄米和面包虫，还不能忘了给蜥蜴喂牛奶。

操劳的事不少，但是你在仔细观察自己饲养的小动物时，每天会对兽类、鱼类以及鸟类的习性和生活有新的认识。

可是如何近距离地认识那些在学校生物园地你看不到的动物呢？家养的动物，像狗啊，猫啊，奶牛啊，鸡啊，鸭啊，这些是你的老相识了，有时还是朋友呢。但到哪儿去看大象、鳄鱼、豹子？难道只能在图画上看到吗？毕竟在学校上学的时候是不可能到世界各地去寻找它们的啊。当然不是。你可以安安心心地继续自己的学业。你哪儿也不用去，因为野兽自己会来到你跟前。要知道不仅每一所学校有生物园地，每一个大城市也有自己的生物园地，那便是动物园。

动物园里可好啦！你一到那里，顿时就会忘记自己身在市中心。这里听不到城市的喧闹。四周都是绿荫、湖泊和山崖。

动物园里的一切都做得使参观者感到愉悦和舒适。假如你觉得饿了或者想喝水了，不会有什么让你特别难受的事。为了应对这种情况，这里设有小吃部和售货亭。要是你觉得累了，那就在长椅上坐下歇一会儿，动物园里椅子应有尽有。

在这里走累了，觉得肚子饿了，是很平常的事。动物园很大，要一下子走遍全园是很难的。再说值得那么急匆匆地赶路吗？人们到这儿来可不单是为了散步，而是为了好好看看动物，仔细观察它们的生活。为此需要在笼子边站上好久，而不是从旁边匆匆跑过。

这里你什么看不到啊：猴子、狮子、大象、河马、鸵鸟……而在小动物饲养场的动物幼崽又是多么好玩！

当你看着野兽的时候，你脑子里会冒出许多问题。它们是哪里出生的？叫什么名字？它们吃什么？它们怕什么动物，又攻击什么动物？它们对人类有害还是有益？你非常想得到这些问题的答案。每个笼子上都有一块小木牌，上面写着笼子里的居民叫什么名字，还有它的简略生平。

你离开动物园的时候感到很累了，但心里很满足：毕竟你那么惬意地在那里游山玩水，又知道了那么多新鲜而有趣的事情。

少年自然界研究小组成员要操心的事很多：清理笼子，给刺猬、兔子、乌龟喂食

你正离开动物园，可野兽却还待在动物园里，它们无处可去。它们在这里睡觉，吃东西，喝水，喂养自己的幼崽。这里就是它们的家，它们的城市。这座城市的许多居民出生在离这儿很远的地方。这里既有北冰洋的居民白熊，又有习惯于在炎热的热带丛林里生活的猴子。这里既有高山的绵羊——盘羊，又有出生在沙漠的狮子。把它们全都迁到一个地方，还要做到让它们感到舒服，体质不下降，而且还要长个儿，长得结结实实，使狼吃得饱饱的，羊也完好无损，使野兽不相互攻击，也不袭击游客。

对于身披波浪形花纹羽毛的小鹦鹉，张个铁丝网做笼子就够了。对狮子和老虎，要用粗铁条做成的笼子挡住它们通往自由之路。而象房的围栏和壁障用这样的栅栏就不牢固了。这时需要的不是铁条，而是铁轨和钢梁。这样的事也并不少见，大象用自己强大的獠牙把铁轨也弄弯了。

老虎可不好惹！

为山间的盘羊筑起了小山

建造动物园的人有多少问题要解决呵！他们要操心的不光是不让野兽逃跑，鸟儿飞走，还得考虑把笼子和圈养地做得使居住其中的动物尽可能感到舒适。

他们为山间的盘羊筑起了小山，使它们能像在家乡一样，从一块岩石跳向另一块。为鹭鸶、火烈鸟和鹳造了有草墩和小岛的人工沼泽。为白熊用石块垒起了山崖，外面敷上混凝土，山崖四周被又深又宽的壕沟所包围，沟里注满了水。“兽岛”四周也围上了同样的壕沟，岛上的狮子、老虎、狼和熊不是住在铁栅里面，仿佛在自由状态下生活。这些壕沟的宽度要考虑到使力量最大、机灵度最高的野兽也无法跳越。

为鹭鸶和火烈鸟造了人工沼泽

成千上万的人在工作之余来到动物园。但是来的人里头还有这样一些人，他们到此不是为了休息，而是工作。正是这些人在关心着动物城里各色羽毛和各色皮毛的居民。是他们把兽类、鱼类和鸟类的生活安排得井井有条。是他们留意着猴舍里要像热带那样始终保持温暖，象房、羚羊舍、狮舍的温度计水银柱不低于八摄氏度。热带的兽类和鸟类在自己的故乡不仅接受许多太阳的热量，还要接受太阳的光照。为了使它们在北方也得到较多的太阳光照，冬季用人工太阳——紫外灯对它们进行照射。

热带的鸟类在自己的故乡习惯于漫长的白昼。在黑暗中，它们停止进食，处于饥饿状态。为了不发生这样的事，在它们的住处早晨和晚上要点上几小时的电灯。它们的黎明和薄暮比我们这儿冬季通常的时间要来得早。

动物园是一座野生动物的城市。就在它的旁边有一处避暑的地方。3月份，当春季的太阳照暖大地的时候，首批避暑客——猛禽就迁到了消夏的所在。4月份，熊、袋鼠、旱獭和海狮被从冬季的住处放了出来。大象、羚羊和海狮还没有转移到避暑地，但是在特别温暖的日子里会放它们出去散步。5月份，所有的动物，除了猴子和大

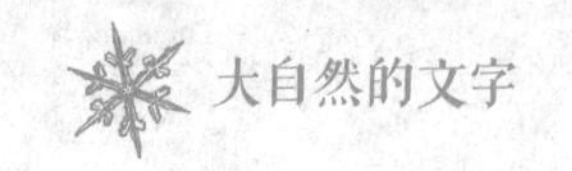

象，都到了露天。这些娇生惯养的主儿现在只在非常好的天气才出去散步。终于，炎热的7月到来了，于是它们也进入了夏季的环境。

在炎热的夏季，所有野兽都住在避暑的地方。但是只要刮起第一阵冷风，喜欢温暖的南方来客就感到了阵阵寒意。还在9月份的时候，猴子和来自南国的鸟类首先迁入越冬的住处。10月份，所有喜温动物的避暑地就空空如也了。鱼类也从露天的水域回到了玻璃缸里。11月份，动物园里的一切都已经按冬季的要求安排了。夏季的场所只剩下不怕寒冷的动物：狐狸、貂、水貂、松鼠。

你看管理如此庞大的一个“生物园地”，而且有着如此众多各不相同的居民，是何等困难。要知道，无论冬季和夏季，早晨和傍晚，对不同的动物来说，其来临的时间是不同的。这一切动物园的工作人员必须记住。就拿鸟类来说吧，他们有多少事要为它们操心！在转移到度夏场所之前，不应当忘记将会飞走的鸟类剪短翅膀。7月份，要将年轻鸟类的翅膀剪短，使它们到秋季不会想到飞上通往南方的遥遥征途。

不过也有这样一些鸟儿，它们对自己在动物园的生活感到如此满意，所以留下来过冬并非被迫，而是完全出于自愿。大群大群的绿头鸭聚集在一起，在动物园上空盘旋，仿佛在和它告别，然后又降落到其中的一个池塘里。它们干吗要飞走呢？你看人家这么关心它们！它们在这里既不挨饿又不受冻。为了不使野鸭、大雁、天鹅、鹈鹕的脚爪冻坏，在池塘冰窟窿的边缘铺上了麦秸，用冰和雪筑起防风堤。你以为它们泅水时会感到冷，其实它们在冰窟窿里感到暖和：在严寒季节，水比空气温暖。

河马的住处有游泳池

就说河马吧。在自己的故乡非洲，它们生

活在尼罗河和湖泊里，吃当地生长的水草和其他草类。但是不能从非洲的湖泊将水草运进莫斯科，更何况河马的食量非常大。起初尝试给河马喂昂贵的精细食物——苹果、柠檬、白面包、大米稀饭。但是这样的食物不对它们的胃口，它们经常生病。于是让它们习惯于吃更粗的食物。现在它们吃干草、青草和糠麸。这样的食物对它们大有裨益，它们自我感觉非常好。

使来自炎热国度的居民——斑马——习惯于严寒

动物园里有专门的实验室，那里科学工作者研究解决的是复杂的问题：用什么和怎么样喂养兽类、鸟类、鱼类、蛇和蜥蜴。它们的口味彼此相差非常大，而且不光是口味。如果吃了对自己不合适的食物，它们简直活不下去。你能设想有吃肉的马，吃干草和燕麦的猫吗？当然不能！为了喂养动物，应当知道什么动物该吃什么。

许多动物都吃生的食物。可是给猴子的食物，像给人吃的食物一样，是烧熟的。厨房里为它们煮土豆、稀饭、糖水水果，还给它们喝茶和牛奶。不过它们最喜欢的不是土豆，不是稀饭，而是水果和核桃。给猴子一天喂几次食，如同休养所里那样。它们有早餐、午餐和晚餐。

在饮食实验室工作的人考虑的不仅是给动物吃什么，还有它们需要的分量。但是给动物园的居民们提供的食物分量是极其不同的：有的是侏儒的食量，有的则是巨人的食量。小小的鹦鹉吃二十五克各种食物就足够了，而动物园里的庞然大物大象，要让它吃饱，需要供给的分量就截然不同了。每天要给它一百公斤糠麸、油饼、黑面包。它吃的方糖不是像我和你吃的那样以块计，而是以公斤计。它每天吃的食盐不是一小撮，而是整整一玻璃杯。三天之内它要吃掉一袋马铃薯。

大象吃早餐

动物生病的时候要给它吃药。这时不使点儿诡计不行，而且诡计还得会使：对付每一头野兽的诡计各不相同。对爱吃美食的熊要把药物放在果酱或蜂蜜里。对大象要把药物添加在伏特加酒里，因为它非常喜欢伏特加。对猴子有时只好几个小时不给水喝，使它们感到非常口渴，这时它们才会连带药物把水或糖水水果一起吃下去。

动物园里有专门的动物医院，那里有用于检测和治疗的X光机及别的器械，还有用于分析的各种实验室。给野兽治病的是兽医。可是给猴子治病有时也请来给人治病的医生。

给驯养的猴子听诊和叩诊并不困难，可对老虎怎么办呢？它可是不费吹灰之力就能把医生撕成碎片呵。这时不使点儿诡计同样办不成事。人们把野兽赶进一个特别的笼子，它的两壁距离很近。当老虎被逼到贴着笼壁的时候，它只好乖乖地接受听诊。

但是对动物的操心早在它们来到动物园之前就已开始。看来对付已经就位、处在动物园里的动物，要比将它们活着并且毫发不伤地顺利运到容易些。

为了从被捕捉的地方将动物运过来，什么样的方法和手段没用过！从洞穴里母熊的身子底下捕获的小熊崽，猎人一下子就塞进了怀里，以免它被冻死。貂放在毛皮手套或帽子里。新生的狍子放在开口的袋子里，让它露出脑袋，把袋子拴在马鞍上。动物在旅途中有乘大车的，有乘卡车的，有乘火车的，有乘轮船的，甚至有乘飞机的。

为了使老虎在空中旅行时表现良好，把它用帆布裹起来，戴上笼嘴，罩上眼睛。

黑猩猩在单独的包房里运输，而且和人一样买票。

乌龟和蛇毫不费事地装箱邮寄，因为它们可以几天不吃东西。

可就是运海豚特别费事：为了使它们即使在旱路运输的时候也能游泳，在货车车厢的四壁吊钩上挂上防水布做的大水池。

替大象用隔板隔出一间占据半节车厢的单独包房。车厢的另一半住着押运员。那里冬季得生炉子。大象因为无聊把长鼻子够得着的所有东西都往身边拖。为了不使它烫伤，也不引起火灾，炉子离它比较远。

捕捉野兽并且将它活着毫发无损地运到动物园绝非易事，尤其是当它不是兔子，也不是松鼠，而是狮子或大象的时候。但是动物园里还有这样的狮子和大象，它们不必捕捉，也不必从远处运来。它们的故乡不在非洲，也不在印度，而在莫斯科。

动物园里有许多在莫斯科出生的本地小兽。它们彼此都相亲相爱。

在幼兽场，小狮子和小山羊戏耍，小熊崽和澳洲野犬玩耍。它们

幼兽场里的居民们从不吵架

狮子

的习性和自由状态下长大的野兽截然不同，因为在这里有人在照料和教育它们。

它们的教育者里面也有孩子——少年自然界研究者。你也可以加入他们的行列，假如你在学校的少年自然界研究小组里好好工作的话。

学校的生物园地是第一级台阶。动物园的少年自然界研究小组就是更高一级的台阶了。如果你继续对生物学——关于生命的科学感兴趣，你将来会考进大学的生物系，研究关于动物生活的规律。

如果懂得了这些规律，你就能够参加在我国正在进行的改造生物世界的伟大事业。你将创造动物的新品种，改变老品种。你将把兽类、鸟类、鱼类从森林迁到草原，从河流和湖泊迁到人工的大海——水库。

日常用品来自何处

你家里的机器

不光工厂里有机器，你家里也有机器。你不妨好好看看。

就在窗边的桌子上，有一台缝纫机。你妈妈正在做衣服。

也许你不止一次在缝纫机急匆匆的嗒嗒声中入睡。有时它突然停顿下来，然后又骤然向前跑去，不断加快步伐。你在机器停顿的瞬间惊醒了，接着又在嗒嗒的机声中沉沉睡去。到早晨却发现妈妈给你做了一件新衣服。看来缝纫机不是平白无故地在那里匆匆赶路，嗒嗒作响。

你知道在街上奔驰的小汽车的名字，从来不会把“胜利”和“莫斯科人”两个牌子的汽车搞错。你当然也不会对普通的缝纫机感到惊奇。

可是对你的奶奶和太奶奶来说，它可是个新鲜玩意儿。

一架机器自个儿会缝衣服，而且这么快，这不是开玩笑吧！

人们在手工缝纫的时候，针在白布——衬衫或床单上慢慢地一步步走路。

这哪是缝纫机干的活！它和缝衣针相比，就好比汽车跟人。

你是否为了给妈妈帮忙，曾经摇过缝纫机的摇柄？

你摇得并不很快，可是针却一上一下地跳着。线轴转动着，将线徐徐往针里送。一秒钟里针可以跳动十次，也就是十个针脚。一跳接着一跳，眼看着针跳到了床单的角上，于是在角上转个方向，又走上了一条尚未开辟的道路。

如果使用惯了，这么缝纫是很容易的，可发明缝纫机就不那么容

易了。

它的内部有多少杆和柄呵！当你转动摇柄的时候，它们在运动，犹如钢铁的手臂和手指。

不过最有趣的是发亮的梭心。之所以这么称呼它，是因为它确实像一叶小舟[①]。钢铁的手指一前一后地摆布着梭心。它的内部有一个绕着线的线轴。

针和梭心协调地工作着，一起把布缝起来，而且不是用一根线，而是一下子用两根线。

很难看清它们怎么工作，它们做得是那么利索。

但是如果你非常用心，还是能够看清它们是怎么缝的。

你看针穿过布面，同时把线也带了下去。然后针往上提，把线随身带上，于是形成了一个圈。

如果没有梭心，针就徒劳无功了：它刚刚做成了一个圈，又把它从布下面抽了出来。如果它缝了又拆了，缝纫机还会有那么多道理好说吗？

但这时梭心就帮上了忙。它不让针把线倒抽回去。

针刚刚做好圈，梭心就在下面从圈儿里跳了过去，同时随身带过了第二根线。针想把圈儿抽出来，可是做不到：第二根线从下面把圈儿抓住了，不让它从布里逃走。

针和线就这样协调地用两根线缝着。

针一上一下地跳动。每跳动一下它就做一个圈，然后把它拉紧。

而梭心在下面一后一前地奔跑，抓住圈儿不让它跑掉。

你看，为了工作得又省力又快捷，人们发明了多么好的机器！

家用缝纫机有许多姐妹。它们在工厂工作，各有各的活儿。

一台在缝连衣裙和大衣，另一台在钉纽扣，第三台在打纽扣洞和锁边。

有些机器把毛皮缝成大衣，把皮革缝成皮靴。还有这样的机器，

① 俄语里“小独木舟”和“梭心”字形和读音完全一样。

缝纫机是你妈妈忠实的助手

它们能给装满面粉的袋子缝口，给厚厚的帆布缝边。

家里机器用手或脚驱动，工厂里则用强大的电动机。人们因此而变得轻松，工作也做得更快。

缝纫机并非我们唯一的家用机器。还有别的机器。

比如说，吸尘器就是。它像一头长着长鼻子的小怪物。这头怪物在地毯上来回走动，用自己的长鼻子吸灰尘。

它内部有东西在嗡嗡叫。这是抽风机——把空气和灰尘一起往里吸的机器——在工作。

在不大的住宅里，普通的刷子能不错地起到清扫的作用。可不是吗，老式的刷子做这件事已经几百年了。可是在俱乐部和有许多房间的宾馆里，没有吸尘器就怎么也对付不了啦。

吸尘器在地铁做的事特别多。因此那里的吸尘器要那么大。它一面嗡嗡叫着，一面在地下宫殿的每一个大厅里游荡。在它走过的地方地面清扫得一干二净，脏物和灰尘荡然无存。

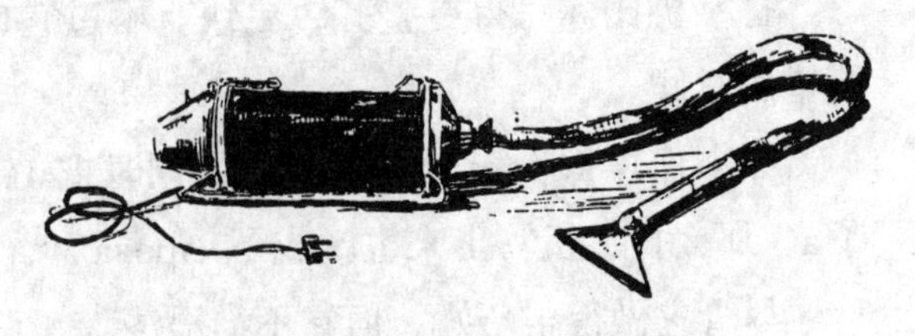

吸尘器用自己的长鼻子吸灰尘

让我们再想想，家里还能见到什么机器。

有一种机器，它的名称非常简单，就叫“小机器”。

人们常说：您会在打字机上书写吗？

你用笔书写的时候，字行和字母并不总是听你的话。如果纸张没有打过格子，字行有时翘上了天，有时斜到了地。

字母要么向前倾，要么向后倒。一个a写得粗粗的，另一个a写

打字机书写又快又好

得瘦瘦的，仿佛快要饿死似的。

打字机书写时所有字行都整整齐齐，所有的a一般大小，一样的姿势。简直不是字母，而是站在队列里的士兵！

用笔写只好每个字母都跟描花似的，用打字机写只要敲一下就印上了。同时纸页还会自动推移，自动用铃声发出警告：“一行完毕。该另起一行了！”

如果你喜欢机器，你当然极力想看个究竟，滑架是怎么移动的，字键是怎么使弯柄的字锤打到纸上的。

你也许会问自己：“是什么推动滑架移动的？”

汽车有发动机，钟表有发条，那么打字机的动力是什么呢？只要你打一下字键，滑架就自动向左移一下。

你知道吗？和钟表有发条一样，打字机有弹簧。这弹簧加上你的十个手指，就是使打字机的字锤敲打和纸页移动的发动机。

打字机比你写得更整齐，更快。不过它也有写错的时候。

如果你写корова（奶牛）这个词时把o错成了a，那么打字机写出来也就成了карова。[①]

尽管它做得很巧妙，但它不懂语法。

现在你看看前厅和厨房。你在那里看到两种仪表——两种计数器。

它们不会写，但是会算，而且算得很准，毫无差错。电表计算家里用掉了多少电量。燃气表计算烧掉了多少燃气。

这个计数器注视的是烧掉了多少燃气

① 俄语里字母o不带重音时读如a，不知书写规则，便易出错。

只要你打开电器开关或点燃厨房的燃气，计数器就已经知道了。

你走到电表旁边听一听，它在嗡嗡响。这是因为它内部的小小电动机在工作。透过小玻璃窗可以看见里面一个小小的轮子在旋转。轮子的边缘有一个红色记号。当你不仅点亮电灯，还打开电炉时，记号在小玻璃窗前经过的次数变得频繁起来。

这表明电动机的工作变快了。

电动机在工作的时候使窗口跳出一个个数字。这些数字表示家里消耗了多少电量。

那么燃气表是怎么构造的呢？

这个你看不到。它方方面面都封得严严实实，以免燃气泄漏到房间里，使人中毒。

不错，这里也有一个小窗口。但是透过小窗口看到的只是四个带数字和指针的小圆圈，仿佛并排放着四块手表。指针在移动，指出有多少燃气经过了燃气表。

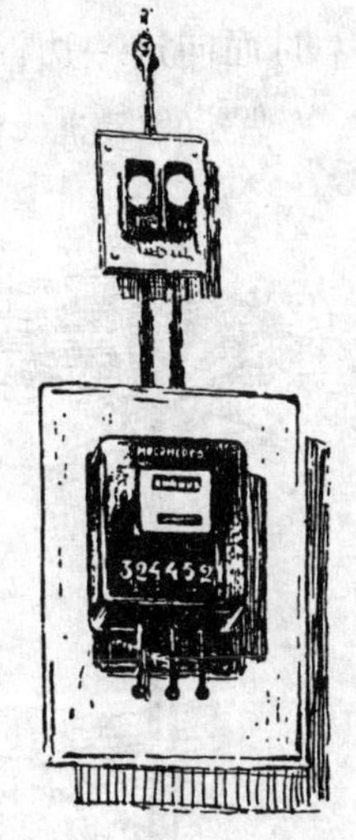

你扭动开关，电表开始计算电量的消耗

是什么促使指针移动的呢？

当你对某一件东西感兴趣的时候，你总是想对它内部的物件看个究竟。所以，如果你能够往燃气表的内部看看，你会看见两个类似手风琴的袋子。燃气在经过袋子时挤压袋壁，有时使这个鼓起来，有时使另一个鼓起来。

干吗要手风琴做这无声的演奏呢？那是为了测量燃气并使指针运动。

我和你已经不止一次提到了摆钟。这也是计数器。它计算钟摆一前一后摆动了多少次。而摆动持续的时间总是相同的。

发条使齿轮转动，齿轮又使指针移动。

但是如果钟内没有钟摆，发条就会散开。钟摆一面摆动，一面在每一次摆动时牵动一下齿轮。钟里面有一个像锚一样弯成弓形的薄片。因此它被叫作“锚”。钟摆摆动的时候，“锚”也在摆动。与此同时，“锚”时而用左面的，时而用右面的小钩卡一下传动轮上的轮

齿。所以我们说时钟在计算时间。传动轮之所以被称为传动轮，是因为它支配着钟内其他所有齿轮的运转。

带摆的壁钟的构造就是这样。

在怀表里面代替钟摆的是一个小小的轮子，上面有一根像头发丝一样细的弹簧，就是游丝。弹簧时而卷紧，时而松开，同时使小轮子时而向这一边，时而向另一边转动。这个动作带动了与小轮子相连的“锚”的摆动。“锚”时而降下左面的小钩，时而降下右面的小钩，并用它卡一下传动轮，所以表会嘀嗒作响。“锚”用右面的小钩打一下传动轮的轮齿，表就“嘀”的一声响；用左面的小钩打一下，表就“嗒”的一声响。

现在时钟告诉上学的孩子：“快走，要不上课迟到了！”

如果没有钟表，生活会很困难。你上学会迟到，忘了睡觉的时间。你去看戏或看电影可能会到得过早，或者到得过迟，已经散场了。

没有钟表，任何地方都会乱了套。火车会不按时刻表运行，而是开到哪儿算哪儿。工厂里机器的工作也会互不协调。无法想象，人没有钟表会多么困难。

我们的全部生活就是在它的嘀嗒声中度过的。

当闹钟对你说“起床”的时候，你起床了。

当半夜里收音机传来救世主钟楼敲响克里姆林宫庄严钟声的时候，你正在沉沉的梦乡。

钟表不仅帮助我们计算时间，而且让我们珍惜

时间。

有道是："一分钱当一块钱用。"也可以用另一种说法："一分钟当一小时用。"

你在那里珍惜了一分钟，在这里你就提早一分钟把事情做完，你看，这样一分分积累起来就是一个小时。一年里面就积累起几个星期和几个月。五年之内就可以从一个个星期或一个个月省出一年甚至更多的时间。他们可以在四年内，有时是三年内做原本按计划需要五年才能做的事情。

我们大家都做着共同的工作。如果每个人都珍惜时间，那么我们国家就可以前进得更快，将不是按天计算，而是按小时计算，变得更加富强。

不过我们还是回来说机器吧。我们是否把所有的机器和设备都想到啦？没有，没有都想到。

有一种设备似乎能把你带到几千公里以外的地方。

你坐在家里，却在和住在另一座城市的同学说话，或者倾听音乐家在我国另一头演奏的乐曲。

你已经猜到这是什么设备。

一种设备是电话。

另一种是你所喜爱的收音机。

电话和收音机的构造，只要你在物理课上专心听老师讲解，你也会知道。

自动电话会将你和城里任何一位居民连线

当你用手指在电话机拨号盘上拨完号码以后，电信局的自动接线机就开通了。这架机器把你和你所要的电话机连接起来。

为了让你听到收音机里的故事、诗歌或者音乐，不仅需要喇叭和收音机的工作，还需要无线电广播电台的工作。是广播电台把播音室里说的、唱的或演奏的传播给你。

各用什么制作

你是个好奇的人，在看到新东西时总是问：它是用什么制作的？

有时对这样的问题很容易回答：桌子是木头做的，床是铁做的。

但是物件往往和制作它的原料毫不相似。

水罐很少跟泥土有相似之处；为了使泥土成为水罐，先得把它做成水罐的形状，然后放进大窑里去烧制。

还有书跟云杉树相似吗？你也许脑子里想也没有想过书是云杉树做的。

或者我们就以你自己的衬衫为例吧。有什么比衬衫更贴近身体的？可你知道吗，它是用什么制作的？

大衣、长袜子、手套，这些都是帮助你御寒的朋友。可它们是从哪儿来的？它们是用什么做的，又是怎么做的？看来这些问题你想都没有想过……

人类曾经有过用兽皮缝制衣服的时期

很久很久以前，有过一个时期，当时人类还不是住在房子里，而是洞穴和窝棚里。他们用兽皮缝制衣服。他们的针不是钢做的，而是骨头做的。当时他们还不知道钢是什么东西。他们用石头做成刀，骨头做成针。

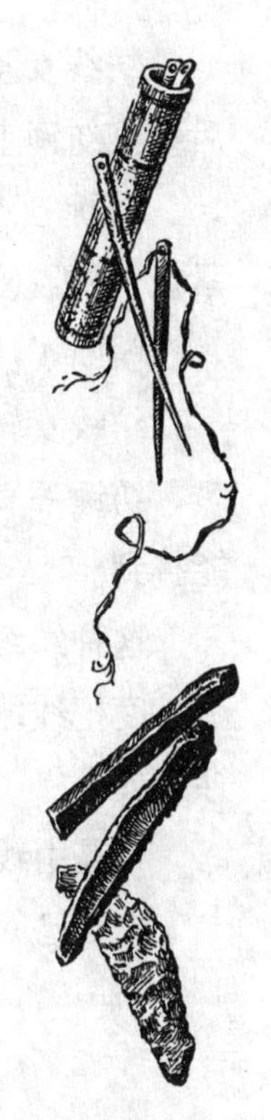
曾经用骨头制针，用石头做刀

在你家里，准备缝纫用的线轴、针和布料都放在一起——在同一张桌子上。

但是这些东西的年龄却并不相同。针比线和布要年长得多。人类在学会用布，而不是用兽皮做衣服以前，经过了不止一千年的时间。

为了制作布料，首先得纺线。为了有线，就得有兽毛。

人在驯养山羊以后想到，没有必要把羊杀死再从它身上剥皮。羊皮只能剥一次，羊毛却每年可以剪。用羊毛可以纺成任何粗细的线。有了线什么东西不能做！

如果你曾到过农村，也许亲自见过如何用纺锤纺线。

纺线女转动纺锤，把线绕到上面

纺线女从一团羊毛里抽出几缕长长的纤维，用手指将它捻紧，然后绕到纺锤上，纺锤是一根两头细中间粗的圆形小木棒。

纺锤这个名称的来历也许是因为它的本职就是转动和把线捻紧。①线要捻得匀称而牢固。如果就把线简单地从羊毛里抽出来，那一拉就断了。

纺线女转动纺锤并把线绕到上面。

纺锤一直使用到我们的时代。最老的织布机只有在古物博物馆才能找到。

这种纺织机构造很简单。用四根棍子做成一个方框。按照它的整个长度把线绷上去。在织布的时候用手指把横向的线从纵向的线之间穿过去。

布是由线编织而成的，就如篮子由麦秸编织而成一样。

你自己就可以做这样的一台纺织机。

古代的纺织机

把方凳四脚朝天翻过来，在两根横档之间绷上细绳。这些就是纵向的线——经纱。现在需要将横向的线——纬纱从它们中间穿过去。要做到这一点，你用铅笔把纵向的线抬起来，但不是所有的线全抬起来，而是每隔一根：第一、三、五……然后把横向的线从它们下面塞过去。接着把第二、四、六……根线抬起来，再在它们下面塞进

① 俄语里“纺锤”的词根就是“转动”的意思。

纬线。

现在你织成了一块布，不过不是毛织的，也不是印花布的，而是用绳子织的，而且很少见。但是这不重要，因为你不会用它来缝衣服，重要的是你明白了怎么由线织成布。

你拿块布在光线下面看一看。它完全是由线组成的。这些线都是交叉着编织起来的。一些线是纵向排列的，另一些是横向排列的。

当然，纺织厂里织布不是在方凳上进行的，而是在电力驱动的大型纺织机上进行的。

纺织机的两边都是大型的轴，从一边的轴上把线捯出来，往另一边的轴上将现成的布卷上去。

横向的线不是用手来塞进去，而是用梭子，它飞快地来回穿行。梭子上的线用完时织机会自动换上另一个梭子。如果线断了，机器就停下了，等待纺织女工把断线接起来。

有不少这样伶俐和能干的女工，她们同时管理着几十台机器。她们每个人都可以夸口，说成千上万的人穿着她织的布。

工厂里纱也不是用手纺的，而是飞速转动的机器。

再说，不这样也不行。要让所有人，不论个子大小，不论小孩成人，都有衣穿，得纺多少纱呀。我们国家的人口那么多，连数都难数——两亿多，所以在许多地方建了大型纱厂和布厂。

在这些工厂里，毛、麻、棉、丝正在变成沉甸甸的一筒筒料子，有花的，也有单色的，有厚的，也有薄的，有做冬衣的，也有做夏装的。

就以自己的衬衫为例吧。

它是什么做的呢？印花布。

印花布又是哪儿来的呢？

我国有那样一些地方，那里夏季很长，阳光下很炎热。那里的田间生长着一种灌木，上面会结出奇异的果实。每一个果实像一只小铃，小铃里有种子，种子外面包满了纤维。印花布就是用这些纤维——棉花做的。

怎么将棉花做成印花布呢?

第一件事是将纤维与种子脱离，然后梳理清楚，弄平。

理发店里用刷子和梳子梳理人的头发并将它抿平，纺纱厂里也有刷子和梳子。

那里的刷子不是普通的刷子，都带着钢丝。使用它们做事的不是人，而是机器。

用一团团毛茸茸的白棉团制作印花布

将棉花梳理以后就让它穿过一个圆圆的小孔，结果成了粗粗松松的棉条。它虽然粗粗的，但不牢固，需要把它变成纤细而牢固的纱线。

为此要将几股棉条并在一起，使它变牢，再拉直。于是得到了细细而又捻紧的棉纱。这件事也不是手工做的，而是在机器上完成的。这些机器里纺锤自己会旋转，而且是几千个纺锤同时转。

整个工厂都是它们转动的嗡嗡声，像蜂房一样。

纱锭被运往织布厂。我和你已经去那里看过，知道从棉纱到布匹的制作过程。

现在布匹织好了。只不过它不太好看，有点儿发黄，还不能用它做衬衫。首先得把布匹变得干净漂亮，为此它被运到了第三个工厂——印染厂。

那里的第一道工序是漂白、洗涤。为了使它变得漂亮，就用染料印上条纹、圆点、花卉。厂里有美工师，他们替布匹设计各种图案和花色。

至于怎么印，你自己也知道。你大概不止一次见过在纸张上盖印章。只不过这里的印章不是扁平的，而像圆圆的铜辊子。

为了印上图案，可以将这样的辊子在布上滚过去。但是这不方

便。最好是相反，让布沿着辊子拉过去。印染厂里就是这么做的。

现成的布匹运到了商店，于是人们在那里纷纷购买它——有的用来做衬衫，有的做连衣裙，有的做头巾。

你看见自己的衬衫上印的蓝色条纹和你姐姐连衣裙上的完全一样。看来妈妈用同一块布料既做了你的衬衫，又做了她的连衣裙。

一本古老的书里说过，衬衫是田里长的。这话没错，因为它是用棉花做的，而棉花是田里长的。

在讲述衬衫故事的时候，我们回忆了古代——用兽皮制作衣服的那个时代。

人们至今仍在穿戴兽皮，只是不像以前那样制作罢了。

你的帽子和冬季大衣的领子就是用兔皮缝制的。

脚上穿的也是动物的皮。

你当然知道自己的皮靴是皮革做的，而皮革是用牛皮或羊皮做的。

可是兽皮是怎么变成皮革的?

它们两者相似之处很少。兽皮表面都是毛毛，皮革表面却一根毛也看不到。

生皮是做不了靴子的。它不牢也不韧。放久了就开始腐烂。干了就变脆。

在制革厂里把生皮变成皮革。

那里和我们其他工厂一样，也有许多各种各样的机器。

皮子经过洗、沤，变软了，再用刀子刮过，然后放进刺鼻的溶液里浸泡，以便接下去容易清除上面的毛毛。

这以后皮子上一根毛也没有了，成了光板子，所以它就叫“生皮板”。

但是生皮板还不是皮革。为了使生皮板变得牢固细密，还得将它鞣制——让它浸透橡树皮的浸出

生皮变成了皮革，又用皮革制成了皮鞋

液或别的溶液。

鞣制皮革经常使用铬盐。这种盐呈绿色，所以皮革经过鞣制以后变成了绿色。这样的皮革被称为铬鞣皮革。

你也许曾经听说过铬鞣革皮靴。

为了使皮靴漂亮，就要将皮革上色。上色以后再晾干。现在只剩下修饰和上光了。

皮革经过上光，看上去可以像照镜子一样。

制革厂的工人做完了自己的工作，便把皮革送往制鞋厂。

那里它同样从一个工人的手传到另一个工人的手，从一台机器传到另一台机器。

为了帮助工人缝制皮靴，什么样的机器没有造出来！

一台机器裁剪皮革，另一台机器将它绷到楦头上，第三台机器缝制，第四台机器绱鞋掌，第五台机器打鞋带孔，第六台机器上光。

现在崭新的靴子替你做好了：牢固、软和、漂亮。

麦子的旅程

面包是用什么烤的?

面粉。

面粉是用什么做的?

麦子。

麦子怎么变成面粉?

在变成面粉以前，麦子要走过许多公里的旅程。

> 简短的句子，三个设问，引出本文的主题“麦子的旅程”。

眼看着列车进站了。车厢里都是旅客。它们多到数也数不清。

它们来自不同的地方。可是彼此是那么相似，就像亲兄弟一样：都是好样儿，仿佛一个模子印出来似的。

> 作者把外形统一的麦子比作亲兄弟，生动有趣。

列车停下了。车厢的门开了。麦子旅客们跑了起来，从车厢里往外撒。

如何迎接这些亲爱的来客呢?

它们照例被从车站送往宾馆。

有这样一个为麦子专设的宾馆，名字叫“大仓库”。

> 从各地运来的麦子储藏在“大仓库”里，作者把“大仓库”比作宾馆，麦子们就住在宾馆里，与题目中的“旅程”一词呼应起来。

从车站过来走的是类似地铁的地下通道。

麦子乘车经过长长的地下走廊。走廊尽头是换乘点。自动起重拖送机接住麦子，将它们送上宾馆的最高层，塔楼的顶部。

塔楼非常高，二十公里之内到处能看到它。

作者把塔楼比作巨人，可见它非常高大。

它居高临下俯瞰着周遭的房舍，仿佛一个巨人。

为什么要把来客送到那么高的地方？

为了以后它们可以自己下来。麦子从高塔上撒落下来，分散到各个房间。宾馆为麦子准备了许多房间。

这些房间通常都是四角方方，就如人住的那样，还有圆的。麦子从上面进去，从下面出来。这些圆房间非常高非常大，每个房间能容纳几列车的麦子。

麦子住的宾馆“大仓库”

麦子从仓库被运往磨坊，这是“旅程”的第二站。

麦子将在宾馆里住下去，直至轮到它们去往磨坊。

它就在旁边，可以不必走远路。

那里对麦子做什么呢？

这句话引出下文，接下来作者将介绍磨粉的各种方式：手磨、水磨、风磨、电磨等。

将它磨成粉。磨坊就是磨面的。

但是磨粉的方式有各种各样。

很久很久以前用手磨磨粉：把麦子撒在一块圆而平的石块上，再用另一块石块碾磨它。

往往每天一大早女主人就开始磨面了。于是整个村子都能听到磨盘石跟磨盘石碾磨的吱吱声。

这种石磨的遗迹至今还能找到。

石磨的中心是一个小孔。它干什么用呢？为了让上面的磨盘石能套到轴心上。为方便它转动，上面装了一个手柄。

但是手磨磨不了很多麦子。只够一家人吃一天。当城市里的面包房烤的面包一下子要供应许多人时，就需要巨大的磨子了。石头磨盘开始做得又大又重，一个人推不动这样的磨盘。于是给磨盘装了很长很长的摇柄。这个摇柄由两个或三个人动手推。他们把身子压在上面，走着圆圈，让磨盘转起来。这个转动的磨盘就在另一块固定的磨盘上碾磨麦子。

借助插图，我们很容易理解这段话，原来石磨就是这样一步一步被改进的。

后来为了让工作轻松些，还拉了马来帮忙。把它套到手柄上，开始赶着它走圈儿。这种马拉的磨子一天能磨几袋麦子。

让牲口拉磨

但是人还是觉得这太少。他们想替自己寻找力气更大、干活更好的帮手。

于是他们找到了这样一个工人，干活能一个顶十个，却不用吃饭。

到底是怎样的工人，有这么大的本事呢？

这是个什么样的工人呢？叫什么名字？

它叫“水”。

一问一答，引人入胜，揭开谜底，原来是“水”！

人用手劳动，马用腿劳动。水既没有手也没有腿。可是人却教会了它磨面。他们拦河筑起了一堵墙——堤坝，使河水满起来成为一个池塘，在水坝旁边——紧靠磨子的地方放置一个大转轮。在这个轮子的整个外缘，装上木头的水斗。

水从水塘里顺着斜槽流动，落到转轮上，灌满了一个接一个的水斗。在水的重力作用下，水斗向下降落，使轮子转动起来。一个水斗刚刚到达下面，里面的水便倒了出来，它又升上去接水。

这两段话使用一系列的动词，详细介绍了水磨是如何转动、如何磨面的。

这样，水就使磨车的轮子转动起来了。轮子又带动了磨车上圆圆的大磨盘。这个上面的磨盘自古以来就叫“转盘”，因为它不是躺着不动，而是在绕着轴心转，并且快步跑着磨麦子。下面的磨盘则叫“躺盘”，它的任务就是躺着不动。但是它们都在工作。麦粒从上磨盘石中间的孔内撒落到上下两块磨盘之间狭窄的间隙。它们是不光滑的，上面还凿了一道道小沟槽。小沟槽把麦粒磨碎。麦粒已经不可能以没有磨过的完整形态从这里出去。

人们眼望着磨坊边溅起的水花和白色的泡沫，愉快地听着哗哗的水声。

他们甚至编了一首歌：

读着歌词，耳边仿佛传来各种声音：水流潺潺，磨盘隆隆，水轮吱吱。看来有了水磨以后，人们磨面又轻松又愉快。

河水滚滚啊溪流潺潺，
轰轰隆隆的磨盘在磨面。
吱吱嘎嘎的水轮在欢笑，
向上溅起的水花像火苗。

会造水磨的师傅在我们这儿被称作“水磨师傅”，很受敬重。

寻找适合在上面造磨坊的河流并不容易。

然而人们需要的是到处——每个村子——都能工作的帮手。

可是什么东西到处都有呢，无论森林里、田野里，还是草地上？

水磨

到处都有的是空气。空气流动的时候，就产生了风。

风儿在大地上空游荡，摇晃着田间的黑麦和林中的树木，鼓起白帆把舰船吹向大海。

为什么不让它来磨面?

人们想啊，想啊，终于想出了风车。

当你从远处看风车的时候，仿佛觉得它是有生命的。它耸立着，鼓动着风翼，似乎眼看着就要起飞的样子。可是它没必要起飞。它另有事情要做——磨面。

风车并非自己会转动风翼，是风吹得它转。

风翼转起来，带动了磨盘的转动。

然而风是个很任性的工人。水总是往一个方向流。而风有时从这边来，有时从那边来。

人们只好随着风向转变风车的方向，然后用绳子把它拴在桩子上，使它不至于无缘无故地转变方向。风车的四周有这样几个打进地里的桩子。

常有风干脆撂挑子的情况发生。风车越来越慢，越来越懒地转动风翼，接着完全睡着了。

水与风虽然都是大自然的力量，但是风无处不在，所以风车磨面的发明又是人类的一大进步。

风带动风翼转动，风翼带动磨盘转动，这就是力的传递。

问题又来了：风的速度时快时慢，方向也不固定，还有什么更好的磨面法子吗?

这段话承上启下，引出了“电磨”的诞生。

现在你等它醒来吧。

你看现在糟透了。

水不会到处工作，只在有河的地方。风不会永远工作，只在它吹起来的时候。

可就是到了我们的时代人们找到了更好的工人——电流。它能召之即来，只要你打开开关或把手。它随时随地都能工作，在任何地方，任何时候。

风车

通过与水磨、风磨做比较，突出了电磨的特点，也折射出技术的进步。

工厂里到处都有电流在工作：锻铁、造机器、纺纱、印刷图书。现在它连麦子也磨了：最大最好的磨坊不是水磨，不是风磨，而是电磨。

大型磨粉厂是有几百台机器的名副其实的工厂。所有机器靠来自电站的电流驱动。

麦子从麦子宾馆经过栈桥走廊来到面粉厂的五楼。在入口处要经过一道检查：是否有不速之客——钉子或某一个小铁块试图随着麦子溜进来。

你是否见过磁铁吸铁？

只要你把一块磁铁放到一小堆钉子前面，所有的钉子都跳跃起来，吸到它上面挂了起来——有的是头被吸住，有的是尖儿被吸住。

磨坊里也有这样的磁铁，只是比你家里的大。它在麦子向下撒落的路上，从麦子流里吸出小铁块。

接下去麦子继续奔流，从五层到四层，从四层到三层，从三层到二层……

每一层都有机器在守望并且盘问："经过的是什么东西？"它们通过摇动的筛子筛下麦粒，将它和沙子及细石子分开，而且使尽全力向它吹风，以便吹走各种杂质。

你知道粮食长在田里，还有些杂草也和它混杂在一起生长：野燕麦、麦仙翁、野荞麦、野豌豆。

农庄庄员们和杂草展开斗争，不让它们和粮食混杂在一起生长。但是偶尔还是有杂草的种子混杂在粮食里面，它们试图溜进面粉厂里去。如果不及时将它们剔除出去，就会使面粉带有苦味，甚至有毒。

面粉厂里也只好和杂草进行斗争，安装了能剔除杂草种子的机器。

于是经过检查的干净麦子来到了第一层。

这里它又被用自动起重拖送机往上送。麦子升升降降，开始一层层从机器到机器的旅行。

沿途它被脱去了衣服：去除外壳。然后给它洗澡，使它变清洁，洗完澡再弄干。干燥以后再将它稍稍浸一下水，让它搁一会儿，使它又变得有弹性，而不是一副干巴巴、无精打采的样子。只有在做完这一切以后才可以最后将它送到磨粉机。

这种机器上装的不是磨盘，而是轧辊，就如家庭主妇擀面用的擀面杖，只是更粗更长，而且不是木头做的，而是生铁。两根轧辊往不同方向转动，一根快，一根慢。麦粒从它们的缝隙间撒落下去。缝隙是很细的。麦粒从中经过的时候，轧辊就碾轧它，压碎它。

我国曾经只有水磨和风磨。那里工作的是被面粉

麦子在电磨前的第一道检查：用吸铁石吸出小铁块。

第二道检查：用筛子筛去沙子、细石子。

第三道检查：剔除杂草种子。

干净的麦子被送上磨粉机前还要经历"去壳—洗净—干燥—浸水"这四个步骤，作者的文字条理清晰。

作者通过做比较，从工人不会沾粉的角度展现电磨的优势：干净卫生。

弄得浑身雪白的磨粉工：磨粉工的头是白的，胡子是白的，眉毛是白的，睫毛是白的——全身都是面粉。

如今在我们的电磨厂里，磨粉工身上不会染上面粉。那里的粉尘被专门的机器从空气中吸走，使它们不会在四周飞舞，也不会钻进人的口鼻之中。

麦粒也不是在石头磨子上被碾磨，而是在机床的轧辊上被粉碎。

工厂里有机床，磨坊里也有机床。如今的磨坊从外观看，与它的奶奶——长满青苔的古老水磨或风磨相比，更像一座工厂。

“磨坊”这个古老的名字保留了下来，而那里的工作却按另一种新的方式进行。麦子许多次经过机床和筛粉机。它被轧碎，过筛，用刷子搓磨，直至最终变成面粉，面粉和麸皮分离并分成不同等级。

这时已经来到最后一台有着和象鼻一样长长软管的机器前面。管子上套着一只袋子。一个工人正在按手柄。白白细细的面粉从管子里撒出来，一下子就满到了袋子的上沿。

但是如果让袋子开着口子，说不定它会把面粉弄丢。应当把它缝起来。做这件事的是和你家里的相似的缝纫机。

嗒——嗒！袋子缝好了，就继续向前送：从面粉厂往仓库，再从仓库到面包厂。

你看从农庄的田间到面包厂灼热的炉子，麦子经历了多少奇遇！

一颗麦粒下到地下深处，又升到地面上方很高的地方。它正如俗话所说，“既赴汤蹈火，又钻了铜管”。

一个大的电力磨坊磨的面粉，一千台风磨或水磨都抵不过。但是电力磨坊里工作的却不是一千个磨粉

工，而只有五十个。他们服装干净，脸上没有粉尘。他们的工作也不重。面粉厂里的一切都是机器在做，人只是管理。

作者再次使用做比较的手法，展现出机器运作的高效率。

带篷卡车将一袋袋面粉运往面包厂

车轮之歌

我们中谁在车厢里没有过伴随着车轮的歌声徐徐入睡的经历！仿佛按在琴键上似的，车轮辘辘地敲击着铁轨。在这均匀的敲击中有着某种给人以宽慰，给人带来睡意的声音，车轮似乎在说：

“晚安！睡吧，什么也不用怕。明天你就会到达你要去的地方。你可别做我们车轮，你只能肩膀上扛着袋子在路上步行。夏天你会风尘仆仆，你会被突如其来的倾盆大雨淋得透湿。冬天暴风雪会刮得你睁不开眼，掩埋你前面的道路。可我们就在你面前。我们敲击铁轨，我们工作，使你不必劳动双腿。安心地睡吧！我们带着你穿越田野和草原，我们隆隆地驶过河上的桥梁，我们沿着隧道穿山越岭。当你的亲人到车站去接你的时候，我们会准时准点地把你送到他们身边……”

平平常常的一件东西——车轮，我们对它已经司空见惯，我们甚至想象不出没有车轮的遥远年代。

可是那样的年代确实有过。人们曾经为能够骑马出远门而喜不自胜。这时就能够随身带更多的行李，尤其是当可以再牵一匹马的时候。这种驮行李的马匹在罗斯[①]被叫作“驮包马”，因为它身上扛着装满东西的各种包裹。

如果父亲带上儿子，就让他坐在自己后面。儿子则紧紧抱着父亲的腰部，以免从马上摔下来。

① 罗斯，古代俄罗斯的称呼，一般指11至17世纪俄国的疆土。

那么他们怎么会想到用轮子，用马车的呢？

马车不是一下子出现的。车轮似乎是马车上最主要的部件。但是事情并不是从车轮开始的。

拖架是没有车轮和滑木的马车

假如车轭、车辕、车轮、滑木争论起它们之中谁年纪最大，你只能坦白地说，滑木年纪最大。

最初的马车上除了车轭什么也没有。挽具上绑着两根木橛子——两根长长的木杆。马走路的时候木杆就跟着它在地上拖着。木杆上横向放着一根根横档。袋子和包就绑在横档上。

这种用两根木橛子组成的马车叫“橛子车”，名称由“木橛子”一词而来，或者叫“拖架”，因为它是被拖着走的。

加拿大的印第安人就是现在仍然用拖架运载重物，让它用马或拉车的狗驾着。

两百年前在俄国北方地区走过许多地方的旅行家伊凡·伊凡诺维奇·列比奥欣曾写道，科米[①]人“根本不知道使用马车；他们在需要运输重物时就使用雪橇或用两根杆子绑在马的颈圈上，使它们能被拖着走，杆子上放上几个横档，再搁上重物”。

很久以前，人们在这样的拖架上从田头运回黑麦。民间歌谣《壮士歌》里还保留着相关的记忆。

有关庄稼汉大力士米库拉·谢里亚尼诺维奇的《壮士歌》结尾处是这样的诗句：

① 科米，主要居住在俄罗斯西北部科米自治共和国的少数民族。

我割完黑麦再码成垛，

拖回家再把麦粒打脱。

酿完啤酒请来乡亲喝。

起初拖架上装的是两根直的木杆——两根木橛子。但是不方便，因为会把土翻起来，遇到土墩还会扎住。于是人们想到将木杆拗弯，仿佛渐渐地用车辕代替了滑木。这样，拖架离雪橇就不远了。

从拖架发展到雪橇走的路并不长

雪橇在雪地里跑得很快。然而夏天在草地上和沙地上拖起来重得很，只好套上两头强壮的公牛。但是尽管公牛以力大出名，连它们都拖得很吃力。难怪俗话说“像牛一样干活”。

古老的东西未必总是要到地下去发掘。它们就是现在也还在某些地方使用。据说在距非洲海岸不远的马德拉岛，现在还能看到夏天乘雪橇赶路的农民。那里太阳烤得火辣辣的，雪压根儿就没有。但是农民却悠然自得地赶着自己的牛，它们慢慢腾腾地拖着吱吱作响的雪橇。

那么到底什么时候大车上才出现轮子呢？

“轮子”这个词本身已经表明，有轮子的大车也是由古代的木橛子拖架演化而来的。①

从远古时代起，人们就发现滚动比滑动省力。无论圆桶还是原木，只要推一下就会自动滚到坡下。建筑工地上需要将一块大石头移

① 俄语里“轮子”一词与“木橛子”同源，就是“大车”“简单的大车”的意思。

动位置时，人们就在它下面垫上原木作为辊子。没有辊子，大石块移不动，现在却变得顺从了。当人们推它或用绳子拉它时，它就开始松动，然后像有生命似的，移动起来。

木橛子拖架被改造成装有两个轮子的大车

大概是从辊子衍生出了轮子。但是这个变化的发生不是在一天，也不是在一年，而是经过了许多个世纪。

假如直接把大车拿来放到辊子上，那么即使套上四头牛来拉也会很吃力。为了让辊子变得轻巧，应当使辊子中间细，两头粗。

于是原木变成了两块实心的圆板，牢牢地装到了轴心上。两根木橛子做的大车变成了一根木橛子的大车，一辆其貌不扬、有两个圆圈——轮子的大车。这两个轮子很大，以免在下雨天陷进烂泥地里。

以前木轮车慢悠悠地唱着自己的歌，然而那是多么忧伤而尖厉刺耳的歌曲！两头牛拉着车在路上走的时候，老远就能听见轮子忧伤的吱嘎声。木轮车只有两个轮子。在陡坡和山地的道路上它很得用。高加索地区至今使用着双轮大车，这并不是无缘无故的。但是在道路笔直的平原上，四轮大车用起来更好。

所以在很久以前，大车最终把四个轮子都装上了。

考古学家们在草原上发掘高大的坟丘时发现了四轮木头篷车。轮子很重，是囫囵的。篷车像一间前面有入口的圆屋顶木头小房子。草原上的游牧人从一个牧场向另一个牧场迁徙时，这些笨拙的篷车跟在畜群后面慢慢爬行，沉重的轮子发出吱吱嘎嘎的声音。成年男子和七八岁以上的男孩骑在马上，驱赶着羊群。妇女和小孩坐在自己的行军屋里。

就这样大车上出现了轮子。但是轮子要成为今天的样子，需要经过多少代的更迭呵！

首先要使它们变得坚固耐用，在长途迁徙中不至于很快磨损。为此在轮子上钉上了铜钉。后来又想到了给轮子加上铜轮箍。当时还不知道铁，光凭这一点就可以断定，这是很久以前的事。

西徐亚人[①]乘坐的四轮车

但是打上铜箍以后轮子比原来更重了。为了使它轻一点儿，在囫囵的木圈上挖了几个洞。后来又试着将轮子活动地安到轮轴上，使它在轴上转。最后，经过很多次的变化，轮子变成了我们今天的样子——有轮辐、轮辋和装在轮轴上的轮毂。

不过这样的轮子也没有一下子取得胜利。很长一段时间内人们还是愿意骑马，让马背来驮货物。

这是为什么呢？

因为轮子有自己的习惯和怪癖。它的脾性很爱挑剔：如果没有好好给它上油，它一动，就立马尖声怪气叫起来。人们这样说不是毫无道理：“像没有上油的轮子那样尖叫。”主要是它要求一路上到处都必须平平坦坦，哪儿也没有凹陷、土墩和坎坷，要求路上不会陷进烂泥里，或深深的沙地里。这样的路古代是没有的。那时道路不是像现在这样修出来的，而是用脚走

在囫囵的木头圆圈上开始挖洞

① 西徐亚人，又译“斯基泰人”，公元前7世纪至公元3世纪黑海北岸的古老民族，从事农业、畜牧业和金属加工。公元前4世纪建立国家，后被哥特人灭国，与其他部族同化。留下许多古墓、古城遗址。

出来的。它是由于人走马踏自然出现的。

在沼泽地里用原木铺出通路

不过慢慢地人们也开始关心起道路来。森林里砍伐出了林间通道，用原木在沼泽地铺出了通路，以免车轮陷进泥沼里。

不管怎么说，直至道路终于适合车轮通行为止，经过了不短的时间。仅仅还在二百年前，旅行者往往诅咒自己的遭遇，回家以后诉说路上跑破了多少辆车。

有一次一个富有的地主从自己位于莫斯科郊外的领地驱车前往首都，马车上套了六匹马。有几个骑马的人在前面和后面跑，手里还牵着几匹马。这一切倒并非为了让扬起的灰尘飞进行人的眼睛，而是为了防备这种情况：万一遇上不是灰尘飞扬的干路，而是一片泥泞，万一马车陷进了泥沼里。这时就用得着备用的马匹，陪送人员牵着它们以防万一。它们被加套到马车上。陪送人员抓住轮子，大家一起用力，呼喊着，吆喝着把笨重的马车拖出泥沼。

当道路用石块铺成后，情况就有了变化。在两旁种满白桦、用石块铺砌的大道上，驿车和四轮轻便马车以更快的速度从有条形花纹的路标柱旁边驶过。轮子终于与道路交上了朋友。但是当通常的公路之外又出现了铁路以后，它们之间的友谊就更加巩固和牢不可破了。

把陷入泥泞的马车拉出来并不容易

乌拉尔的下塔吉尔市有一条街，它的

名字很怪：轮船街。为什么会这么称呼呢？轮船可不在旱地上开呀。它之所以被这么称呼，是因为确实曾经有“旱地轮船”在上面行驶，也就是我们今天所说的蒸汽机车。

那是一辆非常小而且样子笨拙的蒸汽机车，有四个轮子，一个像长颈鹿的脖子那么长的烟囱。但是它在铁轨上行驶的速度很快，能拖带载有二百普特货物或四十名乘客的车厢。望着这样的机车，谁也不会说这就是古代的木橛子大车的直系后代。板车上起初出现的是车辕，后来就已经有轮子了。但是当板车变成蒸汽机车以后，车辕就用不着了，因为再也不需要马拉了。因此轮子如今备受青睐。可不是吗！为它们修筑了如此平整坦荡的道路，以前它们从来也没有在那样的道路上行驶过。由切列帕诺夫父子[①]叶菲姆·阿列克谢耶维奇和米龙·叶菲莫维奇建造的这条塔吉尔铁路并不长。铁轨一共才铺了八百米。然而这是我国第一条铁路。

现在我们有十万多公里的铁路。它们从莫斯科奔向所有方向，到达北方、东方、南方和西方的所有边远城市。在铁轨上拖带着车厢奔驰的不仅有功率强大的蒸汽机车，而且有电气机车和内燃机车。

车轮在如此平坦而舒适的钢铁轨道上迅速而平稳地滚动，难怪它们在给睡意蒙眬的旅客催眠的同时会那么欢乐和朝气蓬勃地哼唱自己的歌曲。

切列帕诺夫父子的“旱地轮船”

① 切列帕诺夫父子，俄国发明家，父亲叶菲姆·阿列克谢耶维奇（1774—1842），儿子米龙·叶菲莫维奇（1803—1849），制造了俄国第一台蒸汽机车，建设了俄国第一条铁路。

茶碗、煮水的陶罐及其亲属

煮水的陶罐算不上是什么漂亮的器物。但是当它旁边出现一只养尊处优、像一位穿花衣服的姑娘那么漂亮的茶碗，或者一把高傲地仰着壶嘴的大肚子茶壶时，它就尤其显得其貌不扬了。

但是这样的邂逅是不会经常发生的。瓷器的茶壶和糖罐、数量众多的茶碗以及茶碟家族是一起住在一幢漂亮房屋上面的楼层的，那样的房屋人们称为小吃部。而煮水的瓦罐一般不会离开厨房。

然而茶壶在与煮水陶罐见面时大可不必趾高气扬。就是叉着腰站在小吃部里仿佛准备跳舞的茶碗，也没什么可神气的。要知道陶罐是它们的亲属，而且辈分是最高的。

这个家族非常庞大。无论茶壶、盘子、砖块、屋顶的瓦片、电线杆上的杯形瓷质绝缘器、药铺或实验室里的瓷碗、宫殿博物馆里巨大的彩绘瓷花瓶，还是壁炉架上的瓷质小人像，都是用黏土制作的，而且属于由最初的煮水陶罐开始所形成的家族。

一千年以前还没有瓷器的影子，因为瓷器还没有发明，而煮水的陶罐却已经存在了。

考古学家们对散布在古墓区早已摧毁的住宅和坟丘进行发掘，在那里经常发现器皿的碎片，有时也有完整的碗、陶罐和水罐。

发掘所得的最为古老的器物中间就有煮水陶罐。它们甚至在那么遥远的时代就已经存在了，当时还根本没有当今居民们的那种小吃部，也没有勺子和叉子，而刀子是用石头做的，因为还不会炼铁。

进行考古发掘的学者们发现每一件陶片都喜出望外，从各个方面仔细观察。在端详残片的时候他们极力想弄清楚，陶罐看上去该是什么模样，那时候它完整而且好使，原始的猎人和渔夫在窝棚内的炉子上用它煮食物。

茶碗和煮水陶罐是近亲

有些残片上能发现手指的痕迹。对于科学考证工作者来说，这是非常重要的线索。根据印在上面的痕迹，可以知道这件并不精致的泥土器皿是什么人的手制作的，一个由如此精彩和实用的器具组成的家族都是它的后裔。

在它漫长的生命历程中有多少双手接触过它！但是正好在这件器皿诞生的那一天，压印在泥土上的手指印独自留存了下来，当时它已经成型，却尚未来得及烧制。

有许多门学科，其中有一门是研究指纹的，科学家发现没有两个人的指纹是相同的。

有一个古老的谚语："陶罐这门学科帮助我们确定，最古老的器皿是女人的手做出来的。在古代，主妇们自己塑造了这些陶罐，用以烧煮和储存食物。不是上帝烧制的。"这个谚语告诉我们，不必害怕复杂而难做的工作，因为塑造和烧制陶罐并不是一件简单的工作。

首先得找到合适的黏土。它不是在脚下随处可找的。黏土带回家以后需要把它打湿，然后长久而仔细地揉泥团，使它里面没有小颗粒。做完这件事以后就要把泥团用手掌摊到长长、平整的辊子状内模上。这些内模呈螺旋状整齐地排列在一块板上。最难的是在模子上把泥土摊平并使接缝处严丝合缝，从而做出四壁平整光滑的器皿。

在远古时代女主人自己做器皿

剩下的事就是用泥团做一个圆底，贴到器皿的

下端。

罐子做好了，女主人欣赏着自己双手制作出的杰作。她拿起一根尖尖的小棒或骨质的梳子在依然柔软的泥坯上划道道。没有这样的直线或波浪形花纹，器皿就算不上器皿。

现在得把罐子晾干。不过这还没有完。假如有人以为罐子已经做好，就往里面倒水，那就前功尽弃了。罐子整个儿被水湿透，又变成了一团泥。所以，器皿在晾干以后还要烧制。

在火焰里发生了令人惊奇的变化：柔软的泥土变得像石头一样坚硬。石头在水里已经化不开了。

这些人像是泥塑的

烧制也要有本事，不能让器皿爆裂，散架。

这时一只刚刚烧制成功的新陶罐开始第一次履行自己的职责。它自称名叫煮水陶罐，那就爬上炉台炖肉或煮汤吧。

新生的陶罐并不很成功：它的侧面一边突起，另一边凹进；上面的边缘——颈圈——不平整。一下子可以看出，不是在陶盘上塑的。

陶盘的发明要晚得多，一直要到出现需要的时候，要到不再自己制作，而是开始由陶工专门制作，或者到集市上交换粮食、牛奶和蜂蜜的时候。

土地提供的粮食越多，畜群的数量越多，对器皿的需求也越多。它的制作便成了陶工师傅的事情了。在大田作业之余，利用几个月的时间，他能制作出供全村人需要的陶罐。如果附近有城市，陶工就把自己的彩绘陶器制品装上小船，运到集市上。通过水路运输如此易碎的商品，要比用大车在坑坑洼洼、高低不平的旱路上行驶平稳得多。

为了使工作进展得更快，陶工们发明了专门的机床——陶盘。不是机床本身有几多巧妙，而是制作方法的巧妙。

不过首先得说一说它的构造。长凳上插进了一根木棒，竖立在一边。木棒上，如同在轴心上似的，转动着一个厚厚的木盘。陶工骑坐在长凳上，左手转动木盘，右手将泥团塑成罐、钵、碗的形状。现在工作的时候就不必将制品这面那面地转动了。它自己会在陶盘上转动，在陶工的手上做出规整、滚圆的形状。

为了使工作进展得更快，陶工发明了陶盘

陶盘一直延续到我们的时代，尽管它有变化：如今它的转动不是用手，而是用脚。它在我国很久以前就出现了。苏联的考古学家们在基辅州和斯摩棱斯克州的丘陵地带发掘时发现了一千年前在陶盘上制作的陶器。

有的地方还发现了烧制陶器的窑的遗址。原始时代的女主人在篝火或炉膛里烧制自己的陶罐。可是陶工师傅却发明了更为方便的炉子——陶窑。所有这些词——陶窑、陶工、陶罐——都有亲缘关系。要知道，陶罐曾经被称为“窑器”，陶工曾经被称为“窑工”。和陶器碎片一起被发掘出来的还有用黏土烧制的古代玩具。这里有哨子、铃铛、小马、绵羊，还有长着大胡子人面的不明野兽。

作为这些玩具制作对象的孩子们早已不在世上了。可是易碎的陶马和陶质哨子却奇迹般完好无损地在掩埋它们的泥土下面保存了下来。

很难说是什么地方首先发明了陶盘和陶窑。也许它们的出现不是在一个国家，而是多个国家。瓷器的情况也是如此。它

陶质公鸡

制造的秘密不是一次被发现，而是多次，在不同的地方。

最先制作瓷器的是中国人。他们将一种白色的黏土——高岭土和捣成很细粉末的石头以及水搅和在一起，然后把这种混合物放在陶盘上做成器皿的形状。最难的事是烧制。为了使与石粉混合的黏土变成瓷器，应当用很高的温度烧制。

但是通常放到病人口中的温度计标示的最高温度是四十二摄氏度，而烧制瓷器的炉子里温度高达一千三百摄氏度。这样的高温无法用普通的温度计测量——玻璃会熔化，水银会变成蒸汽。这里最主要的是配置瓷器的成分和烧制的方法，使器皿在高温下不至于熔化、变形和倾斜。

瓷器完全不像用以烧制它的黏土。

黏土可以用手揉捏，瓷器却连刀也刻不进。陶器碎片的断面有细孔，因为烧制过程中水分从黏土中跑掉时在黏土的微小颗粒之间留下了小孔。而瓷器的碎片是烧透并且熔为一体的，没有任何细孔。陶片不透光，薄瓷片却能透光。

这种从黏土奇异地变成瓷器的秘密中国人没有向任何人透露过。[①]手头拥有瓷器作坊的人通过瓷器贸易获得巨额利润。对我们来说，一只碗不过是一件普通器物。可是在古代它的价格非常昂贵，几乎与等重的黄金同价。甚至出现这样的情况，欧洲的贵妇人胸前挂着瓷器的碎片，如同挂着珠宝。

制作瓷器几乎与开采黄金一样有利可图。中国清朝的官员们紧紧地盯住，不让一个外国人跨越制作瓷器工场的门槛，这并不难理解。

许多国家的工匠们试图揭开瓷器的秘密，但是他们久久不能如愿。

两百年前俄国工匠德米特里·伊凡诺维奇维·维诺格拉多夫[②]着

---

① 中国造瓷技术于11世纪传到波斯喇吉斯，后来又传到阿拉伯、土耳其和埃及等地，15世纪后半叶传到意大利。

② 维诺格拉多夫（1720？—1758），俄国瓷器的开创者，研究出瓷器的制作工艺，并用本国原料制成首批瓷器样品。

这样的炉子不是用来煮食物的，它里面烧制的是砖块

手做这件事。

此前不久，沙皇俄国的统治者写信从国外请来一个叫贡格尔的工匠，他说自己知道瓷器的秘密。

贡格尔提出要几千普特的黏土，花费了许多金钱和时间，想尽一切办法建造烧制的炉子，一次次砌了再砌，但是最终他只好承认自己不会制作瓷器，于是羞耻地被打发回家。

这时他的俄国助手维诺格拉多夫着手做起了这件事。他没有吹嘘掌握了自己确实并不知道的秘密，然而他是个有学问的人，而且善于为达到目标而顽强努力。他的朋友和多年的同学是伟大的物理学家、化学家、地质学家和诗人米哈伊尔·瓦西里耶维奇·罗蒙诺索夫①，他一个人知道的东西比整所大学的人知道的还多。罗蒙诺索夫看重并且尊敬自己的老同学；而沙皇的官僚们却对他讽刺挖苦，因为他为人桀骜不驯，这一点与他们的脾性格格不入。

历尽千辛万苦以后他重新发明了瓷器。沙皇的官僚们得到了沙皇

① 罗蒙诺索夫（1711—1765），俄国第一个世界驰名的自然科学家，现代俄语的奠基人。1755年他倡议创办了莫斯科大学，对自然科学、语文学、文学艺术等领域做出过巨大贡献。

的赏赐，而维诺格拉多夫没有受到感谢，反而被戴上了枷锁，要他寸步不离书桌，记下自己知道和发明的一切。从那时起已经过去许多年，维诺格拉多夫身上发生的事在我们看来是一个可怕的故事。

烧制瓷器的窑，由维诺格拉多夫发明

在苏维埃国家里，无论科学家还是工人都受到大家的尊重和爱戴。

我们的工厂生产大量的瓷器制品——从小型的咖啡杯到一个半人高的大型花瓶。

这些产品是在哪家工厂生产的呢？

正是在国立罗蒙诺索夫瓷器厂生产的，它曾经是维诺格拉多夫创办的。它和维诺格拉多夫与罗蒙诺索夫曾经在其中工作的小工场是多么不相似！现在的工厂里一切都由灵巧而强大的机器制作，它们使劳动的速度加快，强度减轻。机器将原料粉碎、搅拌、过筛和塑形。

犹如童话里变成天鹅的丑小鸭，其貌不扬的煮水陶罐经过许多代工匠和科学家之手变成了熠熠生辉、洁白如雪的天鹅——黏土变成了瓷器。

古老的故事和新的真事

古老的俄国编年史里有一段写于1114年的记载。

“我来到拉多加的时候，”编年史作者写道，“拉多加人告诉我，这里曾经有过很大一块乌云，我们的孩子发现了玻璃珠子，有小有大，是钻了孔的。而沃尔霍沃附近的另一些孩子正在捡由水溅起来的珠子。这样的珠子我捡了一百多颗，都是各式各样的。当我对此感到奇怪的时候，他们对我说：‘这没什么奇怪的；曾经到过尤格拉和萨莫季以外地方的那些老人还活着的时候，亲眼在北方地带看见乌云降落下来，从乌云里掉下仿佛刚刚出生的小松鼠，长大以后就在地面上散开了，又有一次出现了另一块乌云，从里面掉下小鹿来，长大以后也在地面上散开了。’”

在编年史作者写下上述句子的时代，人们还对奇迹深信不疑，不知道区分故事和真事。不过编年史作者的叙述并非都是故事。当然从来没有从云端里掉下鹿和松鼠的事。至于孩子们在雨后捡到玻璃珠串倒确有其事。只不过这些珠串不是从天上掉下来的，而是来自地下。

事情的原委是这样的。

在古人曾经居住的那些地方，遗留着他们住房的废墟。风带来的尘土掩埋了废墟，水流又带来泥沙将它掩埋。住房的废墟越来越深地埋进了地下，和住房一起掩埋的还有其他各种各样的东西：打碎的器皿、箭头、钓鱼钩、骨质梳子、玻璃珠串。

下雨的时候，水流冲刷了泥沙，也冲出了光滑的玻璃珠串，使它们重见天日。就在这时孩子们发现了它们。在泥土里找到闪闪发亮的

小圆珠子和一段段长形玻璃珠时，想必他们非常高兴。许多珠子装饰着眼睛样的图案，而且钻了孔。孩子们跑回家，把它们拿给比自己年长的孩子看：

“你看，云端里掉下了多么奇妙的小珠子！”

孩子们没有猜想到，玻璃珠串并非从天上掉下来的，而是从地底下走出来的。

这样的珠串就是现在也能在古墓和曾经是古代人居住的地方发现。不久以前人们还认为玻璃制品——珠串、手镯、高脚酒杯是古代的商人从遥远的国度运到我们这里的。但是我们的学者发现在一千年以前的罗斯已经有了会制造玻璃的能工巧匠。在基辅考古发掘时发现了一个巨大的工场，那里有熔化玻璃的泥质熔化炉。那里同样发现了新的手镯和戒指。手镯用彩色玻璃做成螺旋纹的，有蓝的、绿的、黄的。在那个时代，玻璃是很贵重的，所以用它来做装饰品，就像用宝石一样。

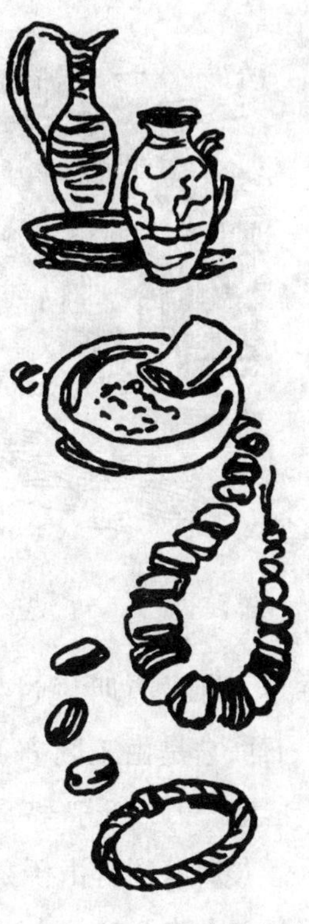

一千年以前的罗斯已经有会制造上好玻璃制品的能工巧匠

窗玻璃只有在教堂和王公贵族的宫殿才能见到。窗框里挖了一个个圆形的洞孔，再镶进圆形小玻璃。普通人家的家里窗上没有玻璃。为了使室内不至于太冷，墙上的孔开得很小。这样的窗户透进的光线很少。在寒冷刮风的日子，它完全被用板挡住了，所以屋子里就是白天也跟夜间一样黑暗。

然而岁月在流逝，随着一个个世纪的过去，工匠们的手艺越来越精湛，工场里生产的玻璃也越来越大，而且开始出售。

三百年前，离沃斯克列先斯克城不远的地方建立了我国第一座玻璃厂。那里生产瓶子、罐子和药铺用的各种器具。随着第一座工厂的出现，不久就有了第二座工厂——在伊兹马伊洛沃村。

窗玻璃只能在教堂和王公贵族的宫殿里见到

谁没有听说过坐落在莫斯科克里姆林宫重达两千四百普特的炮王！它是由工匠安德烈·乔霍夫铸造的。大家都知道还有一口钟王。它重一万二千普特。这样的钟下面可以像在家里一样居住。但是很少有人知道还有由伊兹马伊洛沃工厂的工匠们生产的高脚酒杯王，就是大力士也举它不起。它比个子最高的人还高，容得下两维德罗①葡萄酒。要用玻璃铸造这样一只酒杯，得有许多本事。

俄国的工匠们善于制造惊人的器物，然而他们的工作是多么艰辛！

玻璃厂的活计是一件受苦受难的差事。

工厂中央耸立着一种圆圆的炉子，炉壁四周是一排小窗。炉内的一只只大罐子里熬着玻璃。周围的窗边，高高的木板台架上站着一个个手持长长铁管的人。玻璃吹制工用管子的一头从罐子里取出一小团熔化的玻璃，开始竭尽全力向管子的另一头吹气。空气进入玻璃液滴，把它吹成一个发亮的火球。

吹肥皂泡是既省力又好玩的，然而玻璃吹制工的劳动和这种儿童的有趣玩意儿毫无相似之处。炉子散发出巨大的热量，使人汗流浃

① 维德罗，俄国液体度量单位，1维德罗等于12.3升。

背。眼睛被炫目的亮光灼得生疼。为了吹出一个玻璃泡，需要用尽平生之力鼓起肌肉和肺部。

工匠做瓶子的时候，把铁管的一头伸进铁模，吹出一个玻璃泡。等玻璃冷却下来，再卸下模子。

制造窗玻璃的那些玻璃吹制工做的工作更复杂。这时没有任何模型，完全靠工匠的本事。工匠将沉重的铁管时而向上时而向下地挥动着，把它放到嘴边，然后继续摇晃着它，使玻璃球变成越来越长的玻璃泡。这个玻璃泡要做得又直又平整，以便接着把它切下并展开，从而得到一块平整的玻璃板。

为了吹出玻璃泡，需要用尽平生之力鼓起肌肉和肺部

最平常的一块窗玻璃做起来就那么不容易！这里不由得要想起高尔基曾经说过的一件事。

有一次一群少先队员来到他那里，请他说点儿自己童年的事。下面就是他们所听到的：

“当时我住在下诺夫哥罗德，伏尔加河边。进城的路很长，从河边通向城里。一路上挂着路灯。这时我和伙伴常常捡了石子放进口袋里。于是从上面、从山上向灯泡扔石子。灯泡——当的一声——灭了！警察、管院子的人跑来了，我们却连影子也没有了。打灯泡是我和我的伙伴们的最大乐事。

“但是有一次我把手挥出去，我就觉得有人抓住了我的衣领，把我凌空拎了起来。我的伙伴也一样。他把我们拎起来，晃荡了一下，然后放到地上让我们坐下，他自己坐在我们中间，仍然抓着我们不松手。我们想这下糟了！可他却说：‘嘿，你们这些没出息的小东西，干什么！打玻璃灯泡！是我把它们装上去的。打碎比做出来容易。’说着他告诉我们玻璃是怎么做出来的，玻璃吹制工的工作是多么辛苦。从早到晚在灼热的炉子边，在热不可耐的环境里工作。用自己的

玻璃吹制工在工作

呼吸吹泡。这个玻璃工对我们说了这个以后问我们：‘你们还打灯泡吗？’我们说‘不打了’。从此，我们就不打灯泡了。”高尔基说的那个玻璃工如果能到如今的一个玻璃厂去走走，看到那里最辛苦的工作都由机器来做了，他该多么高兴啊！

制造玻璃的原料——沙子、苏打、石灰石首先得捣成很细的粉末，过筛，用手工搅匀。工厂的空气里弥漫着粉尘。工人们就呼吸着这样的粉尘，于是他们的肺被毁坏了。

现在工厂里安装了大功率的排风机，这些机器抽掉了粉尘，净化了空气。

用不着人工将原料搬运、倾倒和搅拌。沙子会自动经过淘洗池、干燥机和筛子。白垩和石灰石会自动经过将它们粉碎的粉碎机。把原料搅和在一起的不是人，而是机器。它有一个挺逗的名字：“醉桶”。这只桶像喝醉了酒一样，东倒西歪，摇晃不定。

搅匀的原料自动进入巨大的炉子。这里没有曾经放到炉子里面，又从那里拖出来的罐子。炉子的底部是一个由熔化的玻璃形成的火湖。炉子日夜不停地连续工作。它在一年里只有一次停工检修。

这些高脚酒杯、手镯、珠串都是俄国工匠用彩色玻璃制造的

在炉子里烧炼的不仅是混合在一起的沙

子、苏打、石灰石，还有碎玻璃。也许你会问，碎瓶子有什么用？但是如果将它丢进炉子里，它熔化了，就开始了新的生命：重新变成了有用的玻璃。

不过最有趣的是那些替代人力的机器。

这一台就是制造窗玻璃的巨大机器。有一条河渠从炉子通到它这里，渠里缓缓流淌着火红的玻璃熔液。

这台硕大无朋的机器的辊子将玻璃变成又薄又平的平板玻璃

有一只用耐火泥做成的小船沉在玻璃河里。小船的底部有一条长长的缝。熔化的玻璃被通过缝隙向上压了出去。这时一个装着金属齿的长长梳状器接住了它。玻璃粘在了金属上。梳状器向上抬起，拉着粘在上面的玻璃跟随自己前进。

液态的玻璃板继续向上升。它被用冷水冷却，于是开始凝固。这时玻璃板被用耐火材料——石棉制成的辊子接住。辊子一面转动，一面将玻璃带继续向上拉升。玻璃带被一米一米地向上拉升。这时它已经完全冷却。工人们在上面的楼层等着它，他们把它一块块切割下来。玻璃做好了，就是马上装到窗上去也行。

这比用自己肺部的力气吹制长长的玻璃泡可要简单多了！再说也吹不出用机器拉出来的那么大的玻璃。

再看另一种制造杯子的机器。它竖立在紧靠炉子的地方。从炉子里滴出一滴滴熔化的红色玻璃。玻璃滴很大，每一滴足够做成一只杯子。

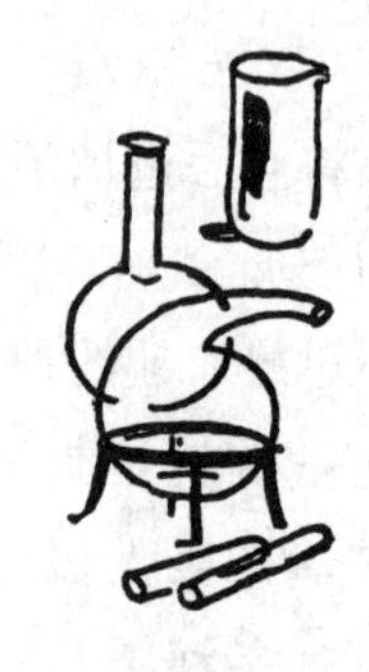

由一滴滴玻璃熔液吹出水瓶、玻璃杯、形状奇特的化学仪器

机器旁边有一张大圆桌，它不停地在转动。桌面四周有一圈洞孔。桌子在转动过程中时而把这个孔，时而把那个孔接到下面，玻璃滴就落入其中。桌子翻转过来，玻璃滴就落入了把它压制成杯子的压床。长长的传送带把正在冷却下来的杯子继续送经退火炉。经过退火处理[①]的杯子牢固多了。假如将它立刻冷却，它就爆裂了。这样一台炉子一小时内可以生产一千二百只杯子。

你看我们的工厂拥有什么样的机器来减轻人的劳动强度！

曾经在拉多加近郊捡拾玻璃珠子的孩子们以为玻璃是天上掉下来的。新的真事要比古老的故事精彩得多。这熠熠闪光的玻璃湖和玻璃河里漂流的泥小船岂不令人惊异！我们那些制造这样的机器和操纵这些机器的工人的劳动岂不令人感到神奇！

① 退火处理，对材料（金属、半导体、玻璃等）进行热处理的一个术语，即将材料或其制品加热到一定温度并长时间保温，使其慢慢冷却的工艺。其能改善组织及可加工性，消除内应力等。

一只灯泡的诞生

天刚刚暗下来，你未经思考就扭动了开关，于是房间里一片光明。

在你的爷爷和奶奶还是孩子的时候，电灯还非常罕见。每到夜晚，屋子里就点起了煤油灯。

灯的形状各异：有小灯，火苗扁平，像燕子的尾巴，侧面有一个亮晶晶的圆形白铁把手；也有大灯，里面的火苗围成圆圆的一圈。

小灯放在桌子上或挂在钉进墙里的钉子上，大灯则用链条挂在房间的中央。灯很重，所以链条做得很牢固，以免它掉下来。灯上面有一个乳白色的环形玻璃灯罩，将一个巨大的光环向下投射到桌子和地板上。

点亮煤油灯并不那么容易。再说人们也并不急于把灯点亮。

窗外天色渐渐暗下来。房间里也渐渐笼罩了一片昏暗的暮色。

孩子们很不情愿地放下刚开始阅读的有趣书本，把课本和练习本放到了一边。

黄昏不是看书、做游戏、做作业的时间，而是聊天和唱歌的时间。

孩子们常常坐在角落里，彼此讲故事或唱歌。这时候他们把所有自己知道的歌都拿出来唱。不过想在黄昏时候唱的并非所有的歌，想唱的只是忧伤的歌。而故事则只拣可怕的讲。

与此同时，母亲正在厨房里给灯加煤油。她摘下玻璃罩，拧开灯头，把煤油加到灯里。然后用剪刀剪掉灯芯上烧过的黑色边缘，以便

每到夜晚，屋子里就点起了煤油灯

使火苗烧得均匀，没有烟黑。接着一把像硬毛尾巴的毛茸茸刷子开始工作。这个尾巴爬进灯罩，一前一后地来回运动起来，把烟黑清除掉。

这时灯点着了，玻璃灯罩放回了原处。但是不能马上把灯芯旋出来：冷的玻璃罩会因为猛火而爆裂。母亲小心地把灯火一点点加大。可这是怎么回事？火焰在一侧升起了一段长长的火舌，舔着刚刚擦得发亮的玻璃罩。只好重新用剪刀剪平灯芯，用刷子擦去那层薄薄的烟黑。

你看一盏灯有多少令人操心和麻烦的事！

终于，灯盏被郑重其事地带进了房间。长长的影子在它前面的墙上迅速移动，有一半折弯了，爬上了天花板。最小的一个孩子的影子也仿佛一个巨人的影子。

刹那之间所有的歌曲和故事都被忘记了。

孩子们又围坐在桌子四周。有的继续抄写课本里的练习，有的解习题，有的用手掌捂住耳朵全神贯注地进入了书中的情节，那里鲁斯兰①抓住黑海王的胡子还在森林和田野的上空飞翔。

夜间很晚的时候，当大家都躺进了被窝，便熄了灯，但也不是一下子就将它熄灭。灯芯被捻短了。火苗变得小小的，蓝莹莹的，一面喘息着，跳动着，很久才渐渐地熄灭。眼看着它又来了最后一跳，于是一切都沉入漆黑之中。只有睁大的眼睛里还闪烁着两个亮点。

这就是当时的情景。可是常常有更糟糕的情况。乡村里并非到处都能找到煤油灯。许多地方夜晚用松明来照明。松明从长长的干劈柴上劈下来，插到松明插座上。被称为松明插座的是一个有铁质夹具的托盘。

松明点燃的时候产生多少烟和烟黑呵！还得一直留心它。一等它

① 鲁斯兰，普希金的长诗《鲁斯兰与柳德米拉》中的主人公。

松明产生的烟黑比它发出的光还多

烧完，就要往插座里插上另一个松明。

这是过去的事情。现在不仅在城市里，而且在许多乡村里都用电灯照明。我们已经有几十个区，那里所有的农庄到处都有电气照明。

我们对电灯已经那么习以为常，所以并不把它当回事。其实它是多么不同凡响的东西！它发出的光是那么明亮！而且打开和关闭它又是那么方便！

然而如此方便的事并非轻而易举得来的。

灯泡在第一次发光之前，在工厂里要经过多少台复杂的自动机械！

如果拿起一只灯泡仔细观察，马上就能看见它是由许多部分组成的。玻璃泡内部看得见一个小小的玻璃茎，里面熔进了两根导线。电流沿一根线进入灯泡，沿另一根线走出灯泡。两根导线的端点连接着一根极细的螺旋状灯丝。

也许你在电炉上见到过螺状线？电炉打开以后电流将螺状线加热，它就发出暗淡的红光。

不过对电炉没有给房间照明的要求。它的任务是烧开茶壶里的水，煮熟锅里的饭。

电灯却是另一码事。这时应当把螺旋状灯丝烧到不是发红，而是发白，使它发出更多的光。

但是有什么办法使灯丝在这样的高温下不会熔化？铜和铁都不适用。这里需要一种金属，能在两千摄氏度的温度下不会熔化。

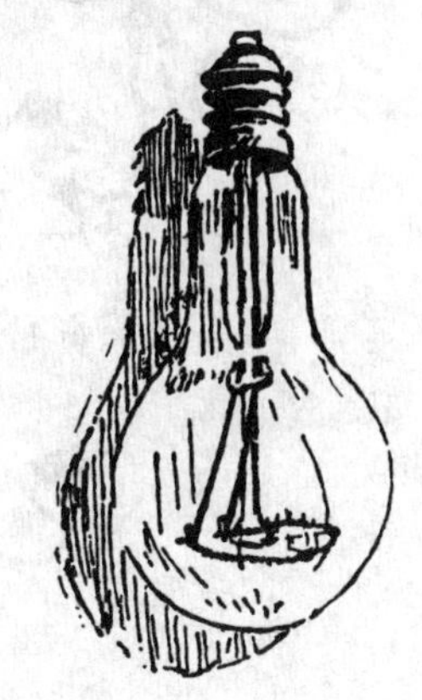
我们对电灯已经习以为常，以至不再把它当回事

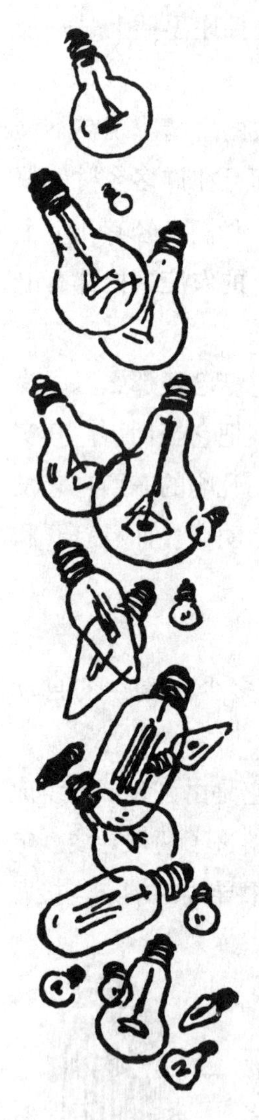

电灯泡有各种形状、各种大小

这样的金属是有的。它的名字叫钨。

钨是一种不仅熔点很高，而且硬度很大的金属，比钢还硬。

要将它做成极细的灯丝可并不容易。

你可知道平常是怎么做导线的吗？将一根粗金属条从一个小孔中拉过，它就变细了。如果还要变细，再从另一个更细的孔里拉过，然后再从第三个还要细的孔里拉过。

要将钨从小孔里拉过可不那么容易。只能将它从钻石钻出的孔里拉过，因为自然界没有比钻石更硬的材料了。

钨要通过四十座钻石之门，每一座门都比它前面的窄。最后的几座则窄到连头发丝也穿不过。

当然，把导线拉成螺旋状灯丝的不是手工，而是机器。

为了检查灯丝做得是否正确，工人通过能放大许多倍的显微镜对它进行观察。

你看这是多么细微的灯丝！

但是做成这样的灯丝还不是最难的。最难的是别让它烧坏。电炉上的电热丝烧坏了可以换一根，但是灯泡里新的灯丝是放不进的。

这就要分析，灯丝为什么会烧坏。

这些各种色彩的小灯泡也是在灯泡厂诞生的

炉子里烧木柴的时候需要让经过炉子的空气从一个烟囱出去，以便形成一股抽力。没有空气中存在的氧气，木柴无论如何是烧不起来的。

煤油灯里没有抽力同样不行。玻璃灯罩就是那样的烟囱，只不过它是透明的。

但是电灯泡里根本不需要空气，因为它的光线不是火焰提供的。说电灯被“点亮了”，只是口头上说说而已。其实它根本没有被“点燃”。为了让它照亮房间，需要的不是燃烧，而只是使灯丝炽热。

如何将氧气从灯泡里赶走，不使灯丝烧坏呢？这需要开动脑筋，巧妙地规避。

灯泡内的玻璃小茎里可以看见一根小小的玻璃管。工厂里生产灯泡的时候，通过这根玻璃管用抽气机将空气抽出。同时用不助燃的无害气体填充它。

然而无论怎样抽气，都不可能将空气抽尽，即使很少一点点，但总是残留在里面。

为了摆脱灯泡里残留的氧气，一开始就在灯丝上喷洒了一种特殊的可燃物质。灯泡第一次通电时灯丝发热了，可燃物质就烧尽了。残留在灯泡内的氧气也都消耗在这上头，这时灯丝还来不及被烧坏。

灯泡很简单，可是制作它却并不简单。

如果你有机会到我们的一家灯泡厂走走，你会看到许多构思奇巧的自动化机械。

那里有自动将各个部件装配成小玻璃茎的机器。

那里还有一架自动机械，会小心翼翼地将灯丝放到导线的小钩上，在此之前它已经自动把那两根导线装到了玻璃茎上。

那里还有这样一台机器，它把玻璃茎安装到灯泡里面，然后将两者焊接在一起。

接着灯泡来到自动抽气机上。它把灯泡里的空气抽掉，充进其他气体。

灯泡就这样经过一台台自动机。

现在它已经做成。

它旅途的最后一站是一张桌子，桌子的面子不是木板，而是蓝色玻璃。

一个女工打亮灯泡，透过蓝色玻璃看它如何发光。蓝色玻璃是为了防止光线刺伤眼睛。然后女工仔细检查灯泡是否一切正常。

一会儿以后灯泡已经踏上遥远的路途。它和其他宛如孪生兄弟一样的灯泡并排放在开口的箱子里。宽阔的自动传送带把这只箱子送到人们头顶上方的仓库里。那里包装机开始了自己的工作。它用纸做成小盒子，灯泡放进每一只纸盒。

工厂里每一班——七小时——生产几十万只灯泡。

我们的工厂一天一共能生产几百万只灯泡，因为无论城市、农庄、工厂、学校、火车车厢，还是飞机座舱，都需要灯泡。

当灯泡从仓库继续出发时，它的旅途便通向我国的四面八方。

话说普普通通的眼镜

“我的眼镜放哪儿啦?”

眼镜放哪儿啦

这样的惊呼是我们每个人经常会听到的。丢失眼镜的人茫然不知所措地摸着自己的口袋，在桌子上面和下面寻找眼镜，最后一脸尴尬地问周围的人：

“你们有没有看见我的眼镜?”周围的人难得会对丢失者表示同情。他这个人可以说遭遇了惨祸：他的眼睛没有了。可别人却对他说教：

“谁让你乱放的，自己不好。现在苦苦地找去吧。”

丢失眼镜的人不得不耐着性子忍受没有听到过的嘲讽。但是没有办法。让他们笑吧，埋怨吧，但愿能帮助找到消失得无影无踪，却又那么必不可少的玻璃片。

也许它在床底下

要是没有它，书看不了，信写不了，路上电车的路数也看不清。

全家人都动员起来寻找。一些人移开沙发，一些人爬到床底下。家里年幼的爬上了椅子，窥视书架最上面的格子，眼镜能到那里，除非眼镜脚变成了翅膀。

就在这时隔壁房间里发出了胜利的欢呼：

“它在这里！可是谁会把眼镜放到枕头底下去？你把它放到那里大概是想梦里看得更清楚。”

大家都笑了。眼镜的主人自己也笑了。终于找到了。没有它有多麻烦。

原来它在这里，枕头下面

眼镜放到了它该放的地方——鼻梁上。一切都复归平静。

眼镜是一件普普通通的物件，却是多么奇妙！

它一共才两块玻璃片，可是视力不好的人是多么需要它！

想必眼镜刚发明出来的时候，人们是欣喜若狂的。

但是世界上没有一件东西是一出现就万事俱备的。眼镜也不是总像现在的样子。

现在它有两片玻璃和边框。可是从前它没有任何边框，也没有镜架，玻璃片也不是两块，而是只有一块。这不是双目眼镜，而是单目镜。做这单目镜的不是玻璃，而是透明的水晶。

阅读的时候不是把水晶放大镜凑到眼睛前面，而是放到书页上。放大镜尽了自己的职责——把字母放大。但是它不会一下子放大许多字母。于是阅读时只好将它随字行移动。

古代利用放大镜当眼镜

还在一千年以前，中亚的学者已经在使用

这样的放大镜了。

七百年前一位德国诗人甚至写诗歌颂“神奇的玻璃”：

老之将至的时候，
四周变得模糊难辨，
书本——我们的老朋友，
也开始对我们叛变，
我们拿起神奇的一片玻璃，
它给阅读带来了便利。

这里说到的“玻璃”用的是单数，而不是复数，因为当时还没有想到两片玻璃。

那个时候放大镜已经用玻璃，而不是用水晶制作，装在有手柄的边框里。

拿着手柄把镜片凑近眼睛。

后来想到既然人有两只眼睛，那么镜片也该有两片。但是在眼睛面前拿着两片玻璃很不方便。如果两只手都拿了镜片，怎么翻书页呢？怎么写呢？怎么去除烛花呢？

夹鼻梁眼镜

于是决定让鼻梁帮助眼睛看东西。玻璃片被装进了铁质边框，用一个小小的铁丝套具连接起来，架到了鼻梁上。这样的眼镜已经大为方便。难怪人们对新发明那么兴高采烈。

拿着手柄将镜片凑近眼睛

现在保存有一个修士写于1299年的手稿。他写道：

“年岁曾使我感到如此沉

玻璃放大镜装在边框里

重的负担，因为没有那两片玻璃我既不能写，也不能读，那些玻璃片被称为‘眼镜’，是不久前才发明的，给视力衰退的老人带来巨大的好处。”

这些古代的眼镜离今天的还有很大的距离。眼镜经常从鼻梁上飞坠下来，掉到桌子上和地板上。如果它在这种危险的飞坠中没有被打碎，那就上上大吉了。

但是即使眼镜没有掉下来，它也会像不会骑马的骑手那样一会儿向右偏，一会儿向左偏。为了使眼镜乖乖地架在鼻梁上，不使主人感到烦恼，开始用一根带子把它系在脑袋上。然而带子经常从后脑勺上滑下来，这就赋予了眼镜不该有的自由。

这时人们想起了，人除了眼睛、鼻子，还有耳朵，也可以让它来工作。于是给眼镜加了两条腿。

鼻子和耳朵就这样帮助眼睛视物了。从外观看，眼镜终于变成了我们今天所戴的模样。

当然，我们今天的眼镜比古代的要好得多。镜架现在通常不用沉重的金属制作，而是轻盈的塑料。不过事情还不止于镜架。

眼镜上主要的是镜片。

于是学会了将镜片做得使每个人——甚至视力最差的人——都能挑选到适合自己眼睛的眼镜。

由于发明了眼镜，人矫正了自己的不足：给眼睛添加玻璃片，开始能较好地视物。

但是从眼镜开始，出现了一条直接通往更奇妙事物的道路。

由于有了眼镜，人们发现即使视力再好，肉眼仍然看不见通过放

终于眼镜上出现了两条腿

大镜能看到的东西。

还在13世纪，一位科学家惊讶地发现，借助凹透镜和凸透镜可以做到使大的东西看起来变小，小的东西看起来变大，远的看起来变近，隐蔽的变成可见的。

“我们甚至能够做到，”他写道，“让太阳、月亮和星星也似乎降落到了下面。”

由于这些观察和其他许多发现，老科学家被宣判为巫师，并关进监狱。“这是说着玩儿的吗，他可想把太阳从天上搬下来！”无知无识的人说。

然而监狱的铁栅禁闭不了科学。在不同的国家，人们继续进行实验并通过镜片进行观察。

把两块镜片中的一块放在另一块前面时，它们放大的倍数要比用一块大许多。但是用双手这样擎着两块镜片，就像把眼镜拿在眼睛前面一样不方便。把一块镜片放在另一块前面架在鼻梁上也不可思议。那鼻子该有多长才能做到这一点啊！简单得多的办法是把两块镜片装进一根管子里，把管子固定到放在桌子上的底座上。

一位旅行家在自己的笔记里写到他有一次在一位“知道大自然许多奥秘”的科学家那里做客的情况。桌子上各种各样的仪器中间竖着一根镀金的黄铜管子。三条铜的海豚支撑着这根管子。底座上有一个红木做的圆盘。

“这个圆盘上，”旅行家写道，“放着小东西，我们看到了它们被放大的奇异形状。”

就这样，三百五十年前出现了最初的显微镜。

和现在的显微镜相比，它们放大的倍数要小得多。但是毕竟当人们往显微镜的筒子里看的时候，眼前出现了一个以往未曾想到的新世界。

为了见到谁也不曾见过的动物和稀奇古怪的树木，航海家远涉重洋，一路上历尽凶险，与风暴抗争。可现在为了发现大量最为稀奇的生物，只要从水洼里取一滴水，放到显微镜下就够了。这些浑身长满绒毛的生物，为了寻找食物，从这里到那里穿梭往返。

在《借助显微镜发现的大自然秘密》一书中，17世纪的科学家安东尼·列文虎克写道，他在显微镜下看到放大了一百六十倍的微小生物以“最为可笑的方式运动”时，自己是多么惊讶。

科学家们开始观察来到他们眼前的一切。在观察蝌蚪尾巴的时候，他们看到血液沿着很细的管道——血管流动。解剖蜜蜂以后，他们发现它的构造根本不像他们以前认为的那样简单。他们惊讶地说，它有心脏、肠子和胃。

一次，著名科学家伽利略的一位朋友顺便来看他，正遇到伽利略卧病在床。旁边的桌子上横的竖的放着一些镜筒。伽利略让自己的朋友通过镜筒看了最微小的东西。

“借助于这个显微镜，”伽利略说，“我看到了跳蚤，看起来像小羊那么大，而且我确信它们全身长满绒毛，还长着很尖利的爪子，有了这样的爪子，即使在玻璃上行走，它们也不会掉下来。”

但是伽利略还有另外一个镜筒，依靠它可以足不出户在宇宙中遨游。他写了一本有关这种遨游的书，名字叫《星空信使》。

伽利略用望远镜观察天空时，发现了月亮上的高山。观察木星时他发现木星有四颗卫星，它们仿佛彼此在你追我赶。他观察了银河，原来银河里雾蒙蒙的流水是散布其中的许多恒星。

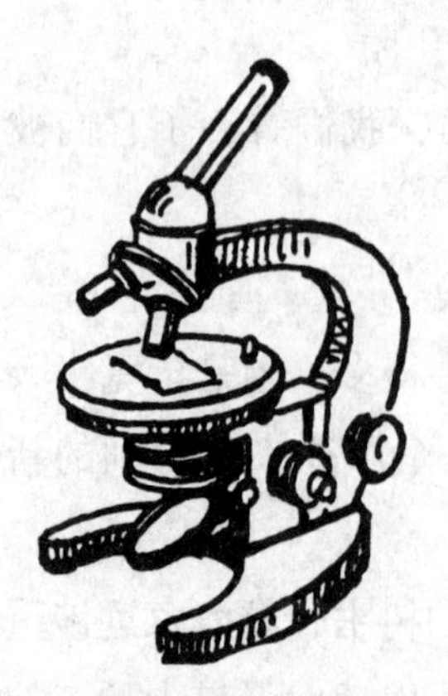

显微镜使科学家发现看不见的东西

每过十年，每过一个世纪，显微镜和望远镜都变得越来越好。这上面俄国的发明家也付出了许多辛劳。

18世纪，在科学院的工场里，工程师伊凡·彼得洛维奇·库利宾制造了出色的显微镜和望远镜。为一架显微镜，他需要磨制厚度小于一毫米的镜片，而且要做得非常精确。库利宾和他的助手们出色地完成了这件事。他们的显微镜比此前不仅在俄国，而且在其他国家制造的显微镜都要好。要知道俄国发明家们只能从头开始发现这一切，因为外国工匠们关于玻璃成分和磨制方法都秘不示人。

从那时起已经过了许多年。如今的显微镜已不是像从前那样放大一百倍、两百倍，而是两千倍、三千倍。在显微镜的帮助下，人们发现了极其微小的生物——微生物的整个世界。这帮助人们抵御和战胜由微生物引起的疾病。

现在有了能放大数万倍的电子显微镜。如果在这样的显微镜下观察保安刀片的刀锋，它显示的样子像一把有着巨大而不平锯齿的锯子。

电子显微镜下能看清普通显微镜下看不见的最小的微生物。

还有望远镜！借助望远镜天文学家看到了如此遥远的世界，它的光线到达我们这里需要几亿年。

一切都是从最平常的眼镜开始的，说得更确切一点儿，是从压在书页上的透明小石块开始的。

钟表的两段历史

和其他事物一样，钟表也有自己的历史，而且不是一段历史，而是两段。

钟表出现以前人们是怎么考虑的，钟表在古代是什么样子，它们又如何变得越来越完善——这是第一段，很长很长的历史。

第二段比较短。这一段讲的就是戴在手上或放在口袋里的表在钟表厂诞生并开始自己生命的历史。

在古代，人们根据太阳判断时间

第一段历史很早就开始了，还在许多世纪以前。在古代，尚无钟表的时候，人们判断时间不是看钟表，而是看太阳。

太阳升起了，人们该起床并开始工作了。

太阳升高了，在天空走了一半路程，人们该休息一下吃午饭了。太阳躲到森林、山岭、蔚蓝大海后面去的时候，人们该回家准备睡觉了。

还有其他一些钟表，就是现在它们还依然存在。

它们威风凛凛地在院子里踱步，扑棱着翅膀，飞上篱笆，大叫一声："喔喔喔!"

太阳还没有升起，公鸡却已经在啼鸣，扯着半睡不醒的嗓子，仿佛在提醒：

“马上到早晨了！睡够啦！”

当然，根据公鸡的啼鸣是很难确定几点钟的。凭眼睛也不那么容易判断太阳已经走过了多少路程。

于是为了有助于劳作，有人发明了日晷。这样的钟上面已经有了指针，只不过这根指针非同寻常。它不是由钢，也不是由银，更不是由金制成。手也拿不住它。当太阳躲进云端里去的时候，指针也不见了，因为这不是真正的指针，只不过是个影子。带有数字的圆盘中央竖着一根杆子。杆子投下一个影子。影子就像一根指针。太阳在天空中行走，影子也在圆盘上移动——从数字到数字。

白昼，在阳光明媚的日子，这种钟工作得很好。

但是只能在白天工作，而且必须得在好天气，这算什么钟啊？再说冬天太阳没有升得那么高，和夏天相比它很快就躲了起来。因此日晷的影子在冬季也和夏季走得不一样。这就很不方便了。总不能老在钟面上移动数目字的位置啊。

人们开始绞尽脑汁琢磨更好的钟，使它无论昼夜寒暑、阴晴晦明都能准确地报时。

日晷

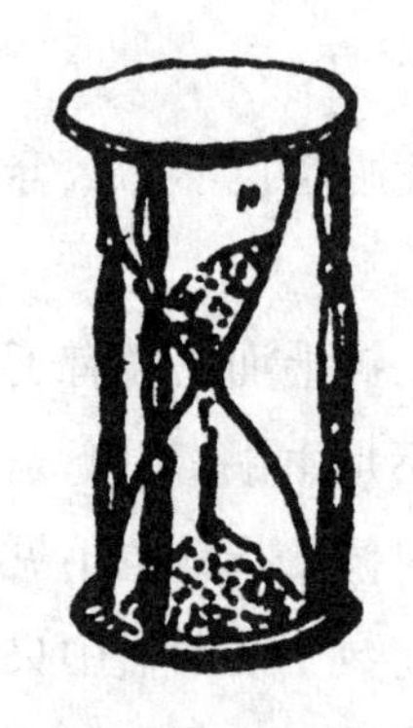

沙漏工作时，上面玻璃泡里的沙流向下面的玻璃泡

他们所发明的东西现在在进行浴疗的疗养院和医院里还能见到。这种为治疗服务的钟上面既无指针，也无带数字的圆盘，更无内部的齿轮。它不是用金属制造的，而是用玻璃制造的。两个玻璃泡连接成一个“8”字形。钟内放的是沙子。钟工作的时候上面玻璃泡里的沙子往下面的玻璃泡里撒。沙撒完了，就表示已经过了十分钟，该从浴缸里出来了。

曾经有过另外一些钟，不是用沙子的，而是用水的。水慢慢地从水箱里流出来，人们注意它到达什么刻度了。刻度旁边写着数字。

这样的钟麻烦事多得很，要经常加水，还要把流出的水倒回去。它显示的时间也不精确。

终于出现了真正的钟：有指针，有重锤，有齿轮。重锤徐徐下降，带动了齿轮，齿轮又带动了指针。

俄国最初的钟是五个半世纪以前由名叫拉扎里的工匠制造的。人们看着它，都很好奇。古老的编年史里有关于这座钟的记述：“在测量和计算夜间与白昼的钟点时，每个小时都用锤子敲钟。没有人在敲，但是仿佛有人在敲，自己会响，自己会动，构造奇特，像人一样聪明，极其富于想象，极其巧妙。”

这些话语包含多少对人类智慧的赞美！

人们绞尽脑汁琢磨更好的钟

这座钟出现以后，莫斯科城里又放置了别的钟。克里姆林宫的救世主钟楼里放置了一座有趣的钟。一般的钟上转动的都是指针，面盘是不动的。这里却相反，指针停在原地不动，转动的是面盘。而且指针也别出心裁，做成小太阳的形状。面盘转动时，数字一个接一个在太阳指针下面经过。

起初制造的只是很大的钟。它不能放在口袋里，也不能随身带。为它们建造了专用的钟楼。

经过不少时间以后，钟匠们才得以发明很小的怀表——用发条代替重锤。最初的时候表上面没有玻璃，只有一枚指针——时针。它的两个妹妹——分针和秒针出现得比较晚。

这就是钟表的历史。不过这只是第一段历史，还有第二段。要了解这段历史应当到钟表厂去。

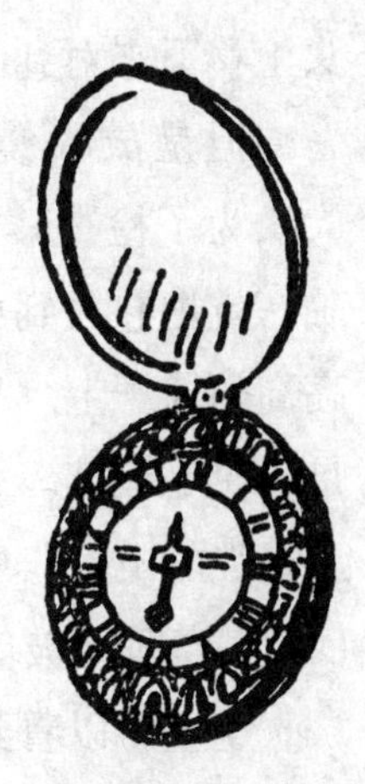

最初表上没有玻璃，表面上只有一根指针

钟表曾经是在很小的作坊里用手工制作的。钟表制作起来相当麻烦，所以它们非常昂贵。如今钟表在大工厂里生产，不是用手工，而是在电气机床上。

假如你到过一家钟表厂，你会看到把金属条变成钟表有多么快。

宽敞而明亮的大厅里放着长长的一排排机床。这里制作表盖、表面盘和金属圈，金属圈仿佛一个地基，表的各个机械部件都固定在上面。

金属条被切成块。这些块块从一台台机床上旅行过去，一路上被车圆，抛光，在上面钻出大小不等的一个个洞孔。

与此同时，隔壁车间里正在把金属做成齿轮、轴心、指针、圆形钢盒子——装发条的鼓轮。

人不多，他们只是操纵机器工作，机器会自动完成该做的事情。

就说这台机床吧，它正在加工装发条的鼓轮。机床上固定着一个漏斗样的部件。工人往里面投入一块块圆形小金属块——毛坯。漏斗是透明的，透过它可以看见毛坯落到下面，自动进入机床。在那里，三把锋利的刀具开始对它们一个个加工。当金属块从机床里出来时，它已经和原来的样子完全不一样了：它已经被加工成光滑的鼓轮。

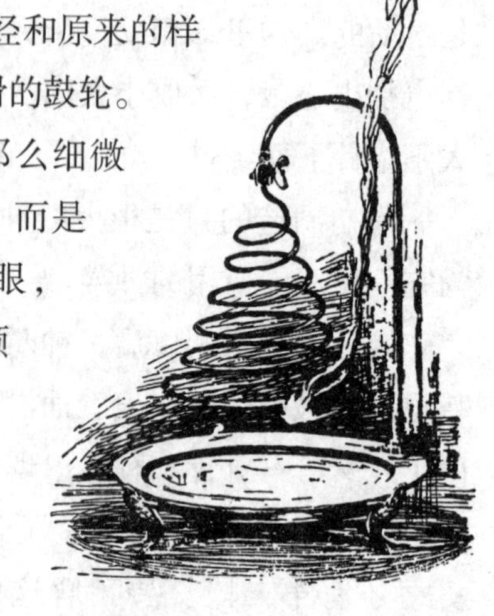

火钟

再看另一台机床。它加工的是那么细微的零件，这些零件不是用手指拿取，而是用镊子，而且检查的时候不是用肉眼，而是用放大镜。放大镜仿佛是工人额头上的第三只眼睛。当需要检查刚刚做出的指针时，工人就把放大镜从额头上移下来对到眼睛上。

但是放大镜放大的倍数不是很大。为了检查某一个齿轮做得是否准确，就把它放到放大一百倍的仪器台上。一个女工坐在仪器前的一张高高的椅子上。她面前是一块像课桌那样稍微倾斜的桌板，它的中央是一块毛玻璃。女工拉上窗帘，以免受到白昼光线的干扰，打开仪器上很强的电灯。电灯光打到齿轮上，经过一系列放大镜，经过镜子的反射，落到毛玻璃上。出现在女工面前的是放大了一百倍的齿轮图像。

这里可以看到肉眼看不到的每一个小齿。女工在上面放上一页透明的图纸，检查齿轮是否正确地按照图纸制作。

沿着桌子快速移动着一条宽宽的传送带

这时各个部件都做好了。现在需要把它们集中起来，让它们各就各位。巨大的总装大厅里放着一排排很长很长的桌子。沿桌子坐着穿白大褂的年轻女工，她们额头上戴着放大镜，

手里拿着镊子。沿着每一张桌子，一条宽宽的传送带快速移动着，把一只只木头小盒子在一个个女工面前传送过去。小木盒里放的是手表，或者确切地说是将要成为手表的东西。每一个女工都往上面加一点儿东西。一个人安上一个齿轮，另一个人安上发条鼓轮，第三个人安上表盘，第四个人安上指针。眼看着一块表在这里装好了。你看，它开始嘀嗒作响，变活了。

从第一个女工把带一个小孔的金属圈拿到手里开始，到最后一个女工手里出来已经是一块现成的手表了。

“胜利”牌手表有三根指针：时针、分针和秒针

手表的运转需要检验。为此有一个像从抽屉里拿出来的收音机那样的专门的仪器。手表被放进仪器里，接受这样那样的检验—— 一下子头向上，一下子头向下。它在嘀嗒嘀嗒走，仪器就在一条带子上用铅笔记录它说的话。记录会表示它走得准不准。这样它就在自己的劳动生涯开始之前经过了第一场考试。

但这不是最后一场，也不是出厂的考试。作为考官的仪器如果由于什么原因受到损坏，可能自己说的就是谎话。那就是说，它的工作也要接受检查。这件事由一个经验丰富的老师傅来做，他在手表生命中最初的日子里对它整个儿进行仔细的检查。

然而就是这也还不是出厂的考试。手表要在工厂里待上整整一个月。每天要给它上发条，对它观察，以便了解它的脾气：是非常性急呢，还是拖拖拉拉的。

手表可不是赛跑运动员，它们的工作不是你追我赶，不是赛跑，所有部件须步调一致地行走。所以，为了达到这一点必须把手表做好，经过精确的校正。

手表就这样从一台机床到另一台机床经历漫长的路程，直至戴到主人的手上或放进他的口袋。

铅笔的故事

当你还是个小不点儿的时候，也许偷偷地窥探过哥哥的书包。你从里面拿出识字课本，仔细欣赏过里面的插图。

但是你最喜欢的还是那只木头铅笔盒。盒子里住着一群好朋友：“少先队员”牌铅笔，带一根亮闪闪羽毛的天蓝色蘸水笔。在其中的一个小格子里躺着它们的助手橡皮。它非常爱清洁，可是自己却总是一身肮脏。铅笔只要一犯错误，它的助手就不惜牺牲自身的清洁，立马开始清理。

书包里还有练习本。你同样怀着巨大的好奇心看过它们。

你曾经十分惊讶，哥哥会用笔画出这么整齐漂亮的直线、圆圈和花体字母。

现在你自己也成了小学生。你已经有了自己的书包，自己的书本和练习本，装有铅笔、钢笔、橡皮的自己的铅笔盒。

每天你在学校里学习使用钢笔，在白色的纸页上沿着蓝色的小路——线格移动笔尖。

钢笔对你并不总是那么俯首帖耳，它不时要违反行动的规则。可是规则却十分严格，不许偏离格子。

往往由于你的过错，笔尖上蘸了太多的墨水。你一看，纸上有了墨污。只得呼叫“急救车”——吸墨纸了。

在你刚开始学习书写的时候，你的练习本上能看到许多形状各异、大小不等的墨污。这一页上是一个黑色的小湖，另一页上整个儿是一个黑色的海洋。

铅笔就不会有墨污，它不需要墨水。但是你还不会像个主人的样子对待它。你在削铅笔的时候，一下子几乎削掉了它的四分之一。后来又把它掉在了地上，尖尖的笔尖摔断了，只好重新削。

你有了自己的书包、自己的书本和练习本

铅笔能为你的哥哥服务很长时间，可是到了你的手里一个星期之内它就变成了又小又旧又短的一截。你对待钢笔也是毫不留情。你看，在你手里，它成了跛子。笔尖的一侧断了，比另一侧短。只好把它扔了。

不过我们答应过，给你讲铅笔的故事。

为了让铅笔诞生，首先应当让美丽的雪松在西伯利亚诞生并且长高。这不是普通的松树，而是西伯利亚松。

你吃过雪松小核桃吗？它们非常好吃，难怪松鼠会那么喜欢。不过把它们叫作小核桃是不正确的。它们不是核桃，而是种子，是从西伯利亚松的球果里采集的松子。

这种树的木材质轻而坚，用它可以做橱柜。这样的橱柜里永远不会出蛀虫：可能是蛀虫不喜欢松木的气息。

不过令西伯利亚松引以为豪的最主要一点是它被用来做铅笔。其次是这些铅笔被几百万小学生用来书写。

为什么西伯利亚松能享此荣誉呢？

因为它很容易刨光，切削。松木条用刀削的时候不会毛糙，也不难削，刀削过的地方平整光滑。

然而木条不等于铅笔。它什么字也写不出。小木条只能在沙滩上写字，在纸上留不下任何痕迹。为了做出铅笔，需要在木条里放进一

为了在工厂里生产铅笔，需要木材、石墨、黏土

些能在纸上留下痕迹的东西。

最适合这一点的是石墨。它像煤一样黑。难怪石墨和煤是亲戚。

石墨也是从西伯利亚运来的。最优质、最纯净的石墨产自那样的地方，那里多石滩的湍流从林间的高山和裂隙里奔涌而出。

列车从西伯利亚向着莫斯科飞奔，向铅笔厂运送石墨和松木——一段段木头。

从祖国各地把原材料运往莫斯科的铅笔厂。

但是无论西伯利亚的松树还是石墨，都不必如此长途跋涉，这样的时间离现在将不会遥远。人们将在西伯利亚就地建造铅笔厂，那里的原材料唾手可得。

为了做铅笔，还需要黏土，同样不是普通的黏土，而是最优质的。这样的黏土来自乌克兰。

“要黏土干吗？”你会提出问题，“铅笔可不同于砖头呀。”

为了使铅笔芯变得比较坚固，比较硬，需要添加黏土。黏土加得越多，书写起来越硬。

因此才有不同硬度的铅笔。

如果铅笔上印有M，就表示它是软的。如果印有T，就表示它是硬的。①

只要对铅笔看上一眼，不用问马上能猜出它写起来会怎么样。

木材、石墨、黏土……你认为都齐了吗？不，还没有齐。做铅笔还要胶水和油脂。加胶水是为了将石墨的微粒黏合在一起，以免松散。往石墨里添加油脂是为了使石墨的微粒容易从笔尖写到纸上。如果石墨条不吸入油脂，写下的笔迹就会很淡，不清晰。但是这样还是没有齐，还需要彩色油漆和发亮的金属箔。金属箔是用金属（铅、锡、铝等）做的薄膜。油漆给铅笔上色，金属箔给铅笔印上亮晶晶的字母。

就这样原材料从四面八方运到工厂。要让所有东西各就各位，让一段段木头变成六角形的光滑木条，让掺杂着黏土、胶水和油脂的石墨钻进木条里，现在该怎么办呢？

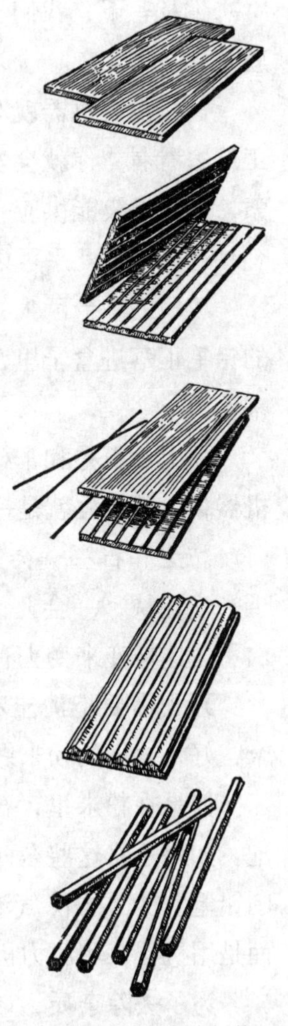

从松板到现成的铅笔

如果没有人的劳动，原材料是不会自动变成产品的。

为了将石墨、黏土、木材、胶水、油脂、油漆、金属箔做成铅笔，需要人着手来做。那么怎么做呢？假如都用手工来做，事情进展会极其缓慢，铅笔会供不应求，而且十分昂贵。

① 这是俄国表示铅笔硬度的符号。在中国，铅笔的硬度采用国际上通用的表示法，一般用B表示黑度，用H表示硬度。

你算一下，我们学校里有多少孩子？几百万！他们需要的铅笔也就是几百万。

这里没有机器就对付不了。如果你到生产“少先队员”牌铅笔的工厂去看看，你就会发现那里有许多巧妙的机器。它们干活是那么利索，一天一夜能供应一百五十万支铅笔。

这些铅笔几乎可以连接成一条从莫斯科到列宁格勒的小路。

工厂的一台巨大的机器正在搅拌石墨和泥土。工厂的另一头现成的铅笔正落进盒子里，每个盒子里装两支或四支，而且那么快，数都来不及。

黏土、石墨和木材不会一下子变成铅笔。它们在工厂里从机器到机器，全部旅程就是一条转变的链条。

黏土和石墨一会儿变成了粉末，一会儿变成了粗粗圆圆的小柱子——坯块，一会儿又变成了细细黑黑的“面条”。你一时半会儿明白不了这样变来变去有什么必要。其实这种变化是必需的。

开头需要把泥土和石墨磨细，再和胶水搅和起来，然后研成粉末，好将这样的粉末做成石墨条。

但是在粉末里，石墨和黏土的微粒之间残存着细微的杂质——气泡。如果不将这些东西去掉，做出的笔芯会容易断裂，只好不时地去削铅笔。为了去除气泡，粉末要经过强力的挤压。当然不是用手工，而是用机器，用压力机。这时就做出了圆圆粗粗的小柱子——坯块。

为了去除杂质，坯块在压力下被从很细的筛子眼里挤过。杂质被留在筛子里，石墨和黏土极其细微的粒子则通过筛子眼，成为细细黑黑的“面条”。这些面条又重新做成坯块——这一次已经没有任何杂质和气泡了。正是这样的坯块才变成铅笔里的笔芯。

可是粗粗的坯块如何做成细细的铅笔芯条呢？为此要将坯块在压力下通过一个细孔。简直难以相信，这样的胖子能通过细小的门户。可它竟然通过了，而且变瘦，被拉成细细长长的一根线。线被切成了一段段。这一段段的线条软软的，还不合适做笔芯。它们被晾干，在炉子里焙烧，变硬。然后它们在油脂中浸润，以便书写起来笔迹清

晰，不黯淡。

你看石墨身上发生了多少变化，直到最终做成藏在铅笔里面的石墨笔芯！

这时一段段的松木也有各种各样的奇遇。伶俐的锯床把松木切割成一模一样的木板。一台刨床在每一块木板上刨出六条放石墨芯的小槽。

西伯利亚石墨、乌克兰黏土终于与西伯利亚雪松相遇了。石墨芯躺在了木板上为它准备的小槽里。另一块同样的木板像盖子一样合到了它们的上面。两块木板被黏合起来。

这道工序也不是手工完成，而是机器完成的。

一下子得到了六支连生的铅笔。

为使它们每一支能自顾自生活，应当把孪生兄弟分开，让它们各自独立。

这件事也由机器完成。它把木板切割成六根六角形的条子。每一根条子内部有一根石墨笔芯。

这已经是一支铅笔，尽管外表平常，未经油漆，也不够光滑。

为了使它变得美观些，它还得造访那样一些机器，它们使它变得光滑，给它披上光彩夺目的彩色油漆外衣。

然后铅笔进入最后一台机器，那里它被蒙上金属箔，在上面打上印戳——商标。

你看，铅笔上面压上了亮闪闪的字母："少先队员"。

铅笔已经诞生，得到了姓名，可以离开工厂去往商店，再从商店前往你的铅笔盒。它还是个新生儿，却已经被称为"少先队员"，而且上学了。

你不妨看一看铅笔的末端。你会看见它由两个半片黏合而成。这是它在工厂遭

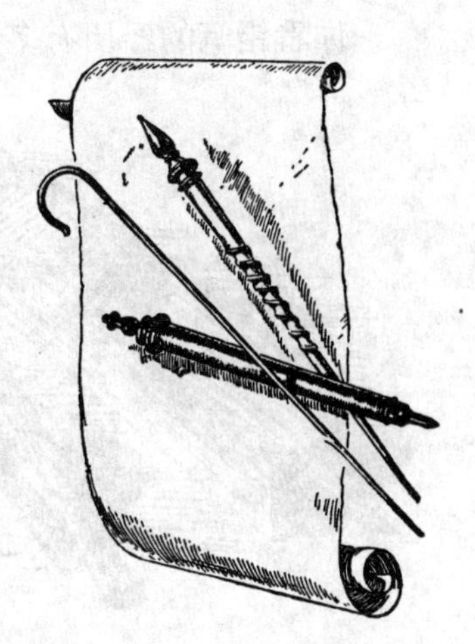

古代不用铅笔，而用银棒和铅棒

遇的变化所留下的痕迹。

现在你明白了做一支铅笔有多么不容易。

为了使你能写能画，有多少能干的成年人付出了辛劳！这里有西伯利亚的伐木工人和矿工，乌克兰的黏土开采工，莫斯科铅笔厂的工人。为了使你能够用上铅笔，还有其他许多人——铁路工人、机器制造工、井下矿工、炼钢工人，也付出了辛劳。

不过有关铅笔是怎么发明的话，我们还一句也没有说过。在古代，像我们今天这样的铅笔是没有的。画家们绘画用的是银条，学生写字用的是铅条。可是铅条留在纸上的痕迹灰暗而不清晰。

再说拿在手里也不方便。它外面套着一根皮管，当铅条头部磨平的时候，只好把头部的皮套切掉一段。

德语里面至今还习惯地称铅笔为“铅条”。

后来人们想到了用石墨来替代铅条，为了寻找不太软的石墨，耗费了许多时间和精力。

曾经尝试把它与硫黄搅和在一起，但是做出的东西松脆易断。

自从用黏土替代硫黄以后，一切都迎刃而解了。

发明所有这些制造铅笔的巧妙机器，又是多么艰难！因为要让机器帮助人，让它自动搅和、粉碎、研磨、刨光、黏合、上漆。

你看铅笔的经历有多么长的一个故事！

现在你知道了它的故事，你将会更加珍惜它，喜爱它。

削铅笔的时候要小心，别将它白白磨掉，替它买一个笔套，以免它掉到地上时摔断了笔尖。

如果没有笔套，那就让它在工余休息的时候待在自己的小屋——铅笔盒里，不要随意乱放。

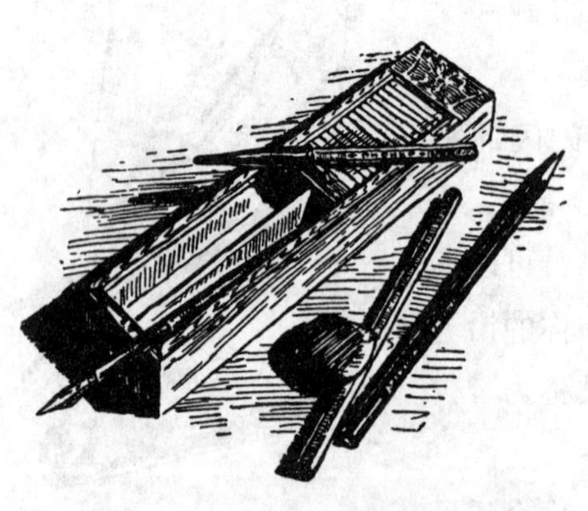

小木盒里住着：有笔尖的蘸水钢笔、铅笔、橡皮

钢笔和墨水的故事

你每天坐在课桌后面，手里拿着蘸水钢笔。可是你想过没有，哪怕只有一次：为什么钢笔在俄语里被称为“羽毛”呢[1]？

它是用钢做的，而不是从鸟的翅膀或尾巴上拔下来的。它在纸面上飞行，而不是在空中。

为什么这钢笔和鸟的羽毛会用同一个名字呢？

你有一把削笔刀。为什么俄语里它被叫作“羽毛笔刀”[2]，而不是“削铅笔刀”呢？要知道你削的不是羽毛，而是铅笔呀。

桌子上你面前放着一只墨水瓶，里面装着蓝墨水。

既然它不是黑的，而是蓝的，为什么它叫作“墨水”？也许它应该被更准确地称为“蓝水”？

这些彼此混淆的词汇是怎么来的？

这一切都是因为词汇比事物生活的时间更长。事物已经变了，称呼它的词汇却依然如故。

曾经有过这样的时候，当时笔确确实实是用鸟的羽毛做的，当时还压根儿没有蓝的和绿的墨水，而削笔的刀倒真的在行使自己的职权——削羽毛。

在克雷洛夫的寓言里，鹅吹嘘说“它们的先辈曾经拯救了罗马”，究竟是不是这么一回事，很难说。但是鹅的种族倒有另外的一

① 俄语中“钢笔”一词本义是“羽毛”。

② 俄语中“削铅笔刀”一词本义是“削羽毛的刀”。

古代的笔墨盘

项贡献：鹅为人类提供羽毛已经有几百年了。有不少优秀的著作是用这样的羽毛书写的。

假如你拿起一根鹅毛往墨水里一蘸，试着写起字来，那么除了墨污，你什么也没有写成。

可是以前人们不是照样用它书写吗？要做到这一点首先得将它削过。这时削笔刀就派上用场了。

它斜着削掉毛管的末端，然后将它削尖。为了不使墨水随心所欲地淌到纸上，而是在需要的时候才下来，小刀将笔尖劈成了两半。

你的蘸水钢笔也是这种构造。它被弯成了槽形，使墨水能附着在上面，而且能保持住。当你把笔尖往下揿的时候，笔尖的小缝分开了，就给墨水开了一条道。墨水沿着这条道往下淌，就如溪水在两岸之间流淌一样。

如果你想写出的字又浓又粗，你就更加用力地揿笔尖。缝隙变得更宽，下来的墨水也就更多。

你不用削你的钢笔尖。它们出现在你面前时都是现成的。

但是在古代削羽毛要耗费很多时间。这件事做起来并不简单。这里需要不少灵巧的功夫，要在羽管尖的正中劈开，使缝隙的两边一模一样。

最糟糕的事是鹅毛笔会迅速变钝，损坏，只好经常将它们更换。

因此当时墨水瓶旁边总是放着几支备用的鹅毛笔。

墨水瓶边上还放着撒沙器，里面盛着干燥的细沙。

你会问：这又是干吗用的？

一页写完以后还得往上面密密地撒上一层沙，把墨水吸干。然后把沙从纸上吹掉，再翻过一页。

有过这样的情况，细沙随着信纸进入了信封。只要把信封抖上一

墨水匠的作坊

抖，信封便会像发响的玩具一样沙沙响。

当时的墨水也和现在的不一样。书写以后的字迹完全不是黑色的，而是咖啡色，仿佛用浓茶书写似的。只是过了一会儿字母颜色才开始变深，变得醒目起来。这时墨水才真的变成了黑色。

古代的墨水用五倍子[①]的液汁制造。这种果子不能吃，因为有毒。其实它根本不是核桃，它无权被称为核桃。它是一种增生物，有时出现在橡树和其他树木的叶子上。

除了这些“核桃”，墨水匠的作坊里还能见到盛有漂亮的绿色晶体的玻璃罐。盛晶体的罐子上写着“硫酸铁”。

墨水匠把五倍子放在水里煎，然后往煎出物里添加硫酸铁的溶液。液体立马变黑，成了墨水。为了使墨水变浓而且不洇纸，墨水匠往墨水里加了胶。

你现在书写用的墨水，并不是用古代的方法制造的。现在的主要原料是颜料，它不是小作坊里生产的，而是化工厂。你在书写的时候，不必等待墨水尽快变黑。它一写出来就很清晰。

---

① 五倍子，又名“五棓子”，是某些树叶上寄生的倍蚜虫所形成的虫瘿，供制墨水、塑料或鞣革、染色等用。俄语“五倍子”一词又有“墨水核桃”的意思。

把颜料溶解在水里，并且加胶，使墨水变浓。还有再加入醋酸，以免墨水日久变质，表面生霉，因为酸能够防止霉变。

以前的工匠什么都用手工操作。所以他的手总是浸在墨水里。如今就是这件事也有机器替人帮忙：搅拌器自动会搅拌，注瓶机自动把墨水注入墨水瓶。

工厂里生产各种色彩的颜料，所以墨水有黑的、绿的、蓝的、紫的。

你会问：工厂里用什么做颜料？

蓝颜料用非常非常黑的煤炭做。

那么绿的呢？

绿的用非常非常黑的煤炭做。

那么紫的呢？

紫的用非常非常黑的煤炭做。

无论蓝的绿的紫的颜料都用同一种煤炭制造，这怎么可能呢？

这里没有化学家是做不到的。化学家会做的不仅是这些变化。

不过首先着手这件事的是矿工。他们从地下的矿井里把煤开采出来。

铁路工人把煤炭运往工厂。

在工厂，化学家从煤里提炼黑色的煤焦油，从黑色的煤焦油里提炼出一种像水一样的无色的液体，再把这种无色的液体做成色彩最为鲜艳的各种颜料。

这就是如此奇妙的科学——化学：它把黑色的变为无色的，把无色的变为蓝色的、绿色的、紫色的！在古代，颜料从植物提取。现在人们学会了人工制造，不用借助于植物。

首先矿工开采煤炭，然后化学家用煤制造颜料，再用颜料制造墨水

从前人们从鹅身上拔取羽毛做笔。如今笔在工厂里生产。在土地里寻找矿石，用矿石提炼钢铁。钢铁被轧成薄板，运到钢笔厂。

那里钢板身上发生了长长的一系列变化。

一台机器把钢板切成很窄的条条，另一台机器把条条冲成一个个小片片。冲过以后留下一个个小孔的条条已经没有用处，就被打发回原地的化铁炉，重新熔炼。小片片则用来制造笔尖。

每一个小片片已经像笔尖了，但是它还不能用来书写。它是平的，所以墨水像在平板上一样留不住。为了让墨水滴能在上面留住，应当把它弯成槽形。还有把笔尖劈成两半，形成一条缝——墨水流淌的小道。

这一切仍然不是手工操作，而是由机器完成，因为钢质的笔尖用羽毛笔刀是削不了的。

接着把几乎现成的笔尖送进烧得通红的炉子，从炉子出来又进入冷水或油里。这使笔尖受到锻炼，增加硬度。这以后要去除上面的铁锈，镀上铮亮的金属镍，使它再也不会生锈。

这一切做得非常迅速。

钢铁的小片片像一道永无止境的洪流从机器流向机器，沿途不断地改变，成为带有厂名标记的漂亮笔尖。

为了让你不再使用鹅毛笔，而使用钢笔，你看发明了多么巧妙的机器！

光是雅罗斯拉夫尔的一座工厂一年之内生产的钢笔，可以分发给苏联和中国的居民每人一支，还有许多多余。

代替撒沙器和沙子的是吸墨纸。

吸墨纸即使自身全部湿透，也要把墨污吸干。

还有橡皮。以前橡胶取自那些树木的汁液，它们只在炎热的国度生长，不是到处都有。现在用锯末制造酒精，再用酒精或石油制造橡胶。

人类不得不在自然界寻找和搜集他们所需要的物质，这样的情况越来越少了。

他们学会了人工制笔，而不必借助于鹅毛，人工制造墨水而不必借助于橡树，人工制造橡皮而不必借助于海外的树木。

假如过去年代的一个小学生往你的书包或课桌里看上一眼，看到笔不是由鹅翅膀的羽毛所做，铅笔代替了石笔，练习本代替了石板，吸墨纸代替了撒沙器，蓝墨水由漆黑的煤炭做成，橡皮由锯末做成，他一定会惊讶不置。

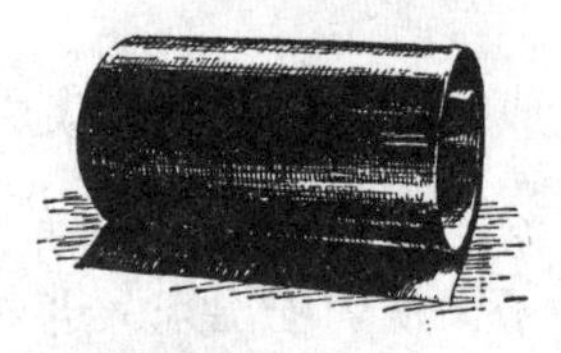

然而最使他惊讶的是让他见到了自来水笔。不是说着玩儿吧，这样的笔居然不必每分钟去蘸墨水！

原来是自身带着墨水瓶的钢笔！

炼钢厂里炼钢并把钢轧成薄薄的钢板，钢板被用来制造笔尖

你把笔插进墨水瓶里，它便开始自动从瓶子里吸墨水。

这种笔怎么吸墨水的呢？它可是没有生命的呀！

这件事道理很简单。

自来水笔内部的墨水瓶是橡胶做的。这是一根像眼药水滴管那样的吸管。当你挤压橡皮管上部的夹子时，空气被从那里挤了出去，空皮管舒张的时候墨水就进入了空出的位置。

是什么把墨水赶进橡皮管的呢？

外界的空气压迫到了瓶子里的墨水，就把它赶进了钢笔。

你再往自己的书包瞅上一眼。

那里有你的老相识：练习本、钢笔、铅笔、橡皮、铅笔刀。现在你对它们比以前更熟悉了。

它们来自森林，那里生长着云杉和雪松；它们来自地下，那里埋藏着煤炭、石墨、黏土、铁矿石。它们必须经过火和水，经过炉子、

锅炉、机器。一路上它们发生巨大的变化，使你一下子说不清它们是用什么做成的。

是谁迫使这些东西如此长途跋涉的呢？是谁将木材、煤炭、石墨、黏土、铁矿石和其余材料变成了铅笔和橡皮、铅笔刀和钢笔、书本和练习本？

自来水笔随身带着墨水瓶

做这些事的是矿石开采工和伐木工、采煤工和炼钢工、金属工和化学家、铁路工人和汽车司机，还有许多别的人，那些人你一下子想不起来。

正是人的劳动创造了你身边的万物，无论在家里、学校里，还是街道上。

人的劳动创造的既有你书写用的小小钢笔、工厂里威力巨大的机器，还有田间的联合收割机，更有宽广大河上的堤坝。

木工间里的对话

这本书里已经有了许多故事，可是童话却还一篇也没有。所以我们决定给你讲一个童话故事，但讲的不是火鸟和山蛇，而是最普通的东西：锯子、斧头和刨子。现在你听着。

木工间里充满了闹闹嚷嚷的嘈杂声。锯子呼呼叫，锉刀吱吱响，斧头咚咚劈，榔头砰砰敲。四件工具互不相让，都要打断对方的叫喊，压倒对方的声音。它们中的每一件都想证明自己在木工间能称老大。

“呼，呼，样样能锯破！”锯子一面锯着木板，一面拉长了声调反复地说，每吐一个字都把锯末往外抛，“我有一百个牙齿，每个牙齿和刀一样锐不可当。”

“咚！咚！”斧头咚咚地说道，“别靠近我！我一下子就把最厚的木头劈作两半！”

“亏你说！亏你说！敢在这儿说大话！”刨子发出呲呲的声音反驳它，一面唰唰地在木板上来回，每走一步都抛出一绺卷曲的刨花，“你只会干最粗的活。当粗糙的活计出手的时候，人们就说这是‘斧头功夫’。你算什么木匠，不过是个砍斧头的。你连木工台也上不了。我们刨子可就完全不同啦！我们这样刨木头，刨得它光滑平整，没有节疤，没有戗茬。”

“你还是少说为佳！”锯子说，“假如不是锯子在森林里把树木锯倒，你刨子就无事可做。木工间的工具没有比我更好的了。难怪主人那么宝贝我，照料我。我一到主人手里，他立马拿起错锯器，开始掰

我的牙齿，一个向右，一个向左。这完全是为了让我干活轻松。当锯齿左右错开以后，锯起来锯缝就宽，来回拉锯的时候就省力。”

“砰！砰！”榔头用响亮的砰砰声打断了锯子的夸夸其谈，“我敲打的声音比谁都响，盖过了大家。那就是说，这里我算老大。当然，榔头和榔头不一样。我就有两个姐妹：一个叫木槌，另一个叫铁锤。两个亲姐妹，脾气却不相同：一个软，一个硬。木槌整个儿是木头做的，它只能用来敲打凿子，或金属薄片，把它打成需要的形状。铁锤是钢做的。它在我们这儿派不上用场。它显身手的地方在铁匠铺。铁匠把它拿到手里，一锤子砸到灼热的钢铁上，钢铁立马就扁了。”

“可是我们的家族也不小。”锯子说，“锯子也有各式各样的。比如说，我叫‘截锯’，因为我横向对着丝缕锯木材。我的妹妹叫‘纵向锯’，因为它是顺着丝缕锯木材的好手。我和它是孪生姊妹。我们俩除了牙齿不同，其余都一样。我们家族里最小的是钢丝锯，它只能用来锯很薄的板。不过也有非常大的锯子，它们用来把原木锯成木板。去过锯木厂的人就会见到原木从大机器的一头进去，木板从另一头出来。”

“我的家族还要大，”刨子说，“我有那么多的兄弟，多得数不清。一个兄弟叫平刨，另一个叫双面刨，第三个叫槽刨，第四个叫粗刨……”

“够了！”斧头仿佛一下砍断似的说，“你别报出那些名字来吓唬我们。什么‘粗刨、粗暴’，我就叫斧头。干的活也最简单，但是干得很出色。有什么东西要砍要劈，得叫谁干？斧头！”

“有这么没有教养的！”刨子说，“总是打断别人说话。还是接着说。我有许多兄弟，每一个都有自己的行当。平刨刨长木板，所以它身子那么长。曲面刨是刨凸面和凹面的能手。槽刨刨阶面形和槽面形的板面，那些地方一般的刨子刨不到。粗刨……”

“又在说自己的老一套！”锉刀插话说，“当然，无论刨子还是锯子，都是工作中不可或缺的。不过我们仍然更加不可少。我加工的虽然是金属。可是也有这样的锉刀，它们加工的是木头。我最后一个出

木工工具以及它们的先辈

场，对加工件进行美化，使它更加完善，把还不够平整的地方弄光滑。”

“你看！”锯子说道，“又出了一个能工巧匠！……”

但这时锯子说了一半突然闭了嘴，不再锯木板了。接着它说道：

“不知怎么的，我的牙齿变钝了！碰到的木板太硬了。锯云杉或者松木是一码事，锯橡木是另一码事。橡木太硬，最锐利的锯齿也会变钝……喂，锉刀，修理修理我的牙齿吧！”

“啊哈，原来锉刀也能派上用场！”锉刀说着开始锉锯齿。

一下一两下，一下一两下，所有的齿都给它锉了一遍。

“看我多有用，”锉刀锉完以后说道，“没有锉刀连锯子也使用不上。”

主人把它放在一边，手里拿起凿子。

这下凿子得意了：

“现在轮到我啦！你们谁也不会凿，可我会，而且还干得……”

“如果没有我你也无能为力，”榔头说道，这时它被木匠拿在右手里，“好啦，干吧，干吧，别偷懒！”

榔头说着开始往凿子的把手上打。

“哎哟！”凿子叫起来，“别打得那么重！你会把我的把手也打裂了！”

“干吗不打？你可是懒骨头。你不打不干活。如果不好好地敲打你，你就不会往木头里去……还有你们钉子，干吗躺着不干活？快到自己的岗位上去！”

于是榔头开始拼命一枚接一枚地钉钉子。

每打一下，钉子就尖叫一声，但是谁也没有听见，因为榔头敲打的声音太响了。突然有一枚钉在一半的地方弯了。

“好啦，现在一点儿用也没有啦！”钉子利用榔头在木匠手里沉默的瞬间说道，“这样打不合规矩！不该斜着打，要从顶上打。”

“不碍事，可以补救，”榔头说，“我既然能把你打进去，也能把你拔出来。”

榔头一面说着一面把自己向两边分叉、朝后弯的另一头转向钉子，抓住钉子的头，一眨眼就把它拔了出来。

只两下就敲直了钉子，重新把它钉进了木板。

“我是老大！我是老大！”榔头一面钉钉子一面说。

突然不知从哪儿轻轻地传出一个年老的声音：

“好啦，都别激动！你们闹得够了。”

说这句话的是骑在老木匠鼻梁上的眼镜。

眼镜利用了木匠把榔头放回原处，木工间稍稍安静下来的瞬间。

“你们吵什么？”眼镜继续说，“你们都是亲属，是一家子。就是因为你们不读书，所以胸无点墨。我和主人读的书可多了，有厚的也有薄

斧头、榔头以及它们的先辈

钉子也有各式各样的

锉刀

的。有一本书说到了你们，书里说你们大家都来自石头。”

“这是怎么回事，来自石头？”斧头委屈地说，“我是用闪闪发亮的钢铁做的，而斧头柄是用很坚硬的木头做的。”

“是这么回事，”眼镜说，“你是钢做的，可是你的祖父的祖父的祖父的祖父的祖父的祖父是石头做的。很久很久以前，谁也不知道钢和铁是什么。工匠把锋利的石头拿在手里，用它当斧头砍。后来为了方便使用，开始给石头绑上木头柄。从前榔头也是石头的，还有锯子……”

“现在连锯子也算上啦！”锯子委屈地尖声说，“用石头无论如何是锯不了东西的。”

“怎么锯不了？当然不是普通的石头，而是有锯齿状缺口的那种。人们得做很多天才能做出边缘有锯齿状的石头。这种锯子虽然蹩脚，毕竟还是锯子。”

“既然这样，”磨刀的砂轮开始说话了，“那么木工间里我算得上是老大了。我年纪最大，我最先开始工作。我至今仍然是石头做的。”

于是砂轮开始更快地转起来，一面磨着斧头，一面抛出一束束明亮的蓝色火花。

“你根本算不上老大，也不是你最先开始工作！”眼镜不满地说，“就在今天，主人带着我来上班，从口袋里把我掏出来，仔细擦干净，戴到鼻梁上。我和他开始看贴光荣榜的那块板。你们认为板就是板，可这一块不一般。那上面写着木工间里谁干得最好。”

“也许那里写着我的名字，”锯子说，“因为板是我锯出来的。”

“不，那里写的是我的名字，”说话的是刨子，“木板可是我刨光的。”

“不对，”榔头说，“挂木板的钉子是我钉的。”

“你们这就想歪了！”眼镜说，“这个名字不属于工具，而属于人。因为如果没有人，我们都一钱不值。是人发明了我们，是人制造了我们，是人用我们工作。

“光荣榜上写着木工间里最优秀工人的名字——彼得罗夫·瓦西

里·伊凡诺维奇。他是我们主人的徒弟。以前大家都叫他瓦夏，因为当时他还年轻。现在对他用名字和父名称呼，表示尊重。他巧干一天所出的成绩，别人三天也出不来。这一切都是因为他非常努力。”

这时所有工具开始争先恐后地说起来：

“谁不知道瓦夏！他很爱惜我们，每一件都放在一定的位置。按时磨砺，按时修理。因此我们都不给他添麻烦。锯子在他手里锯木板像上了油似的，刨子像鸟飞一样快。”

“所以我的主人对他赞不绝口，”眼镜说，“一看到榜上瓦夏的名字，他就说：‘真棒，瓦夏！超过师傅啦。还不到二十岁，可是活儿干得那么出色。你是我们木工间里最好的工人。’”

阅读拓展

宣传自然科学和宣传任何东西一样，是征服读者的一种艺术，也就是说这场战斗必须依照各种战略、战术的规则来进行。所有用字、思想、事实和结论，一定要经过选择和配搭得当，不要有一个字待着不动，要凭借有力的事实的支援来使思想领先，要使每一个结论成为猛攻占领的高地。

——［俄］伊林：《谈谈科学》

伊林的作品，是把人和自然界结合起来看的。伊林是用综合研究的方法来处理科学的材料的。

所以我们读了伊林的作品，尤其是《五年计划故事》《人和山》和《大地的改造》等，就觉得它们和一般科学读物不同。一般科学读物，总是谈天文的只谈天文，谈地质的只谈地质，谈物理的只谈物理，谈化学的只谈化学，谈动物的只谈动物……都是各自单纯地谈自己那一部门，很少谈到各部门之间的联系，使我们读了之后，所看到的世界，是被分割得支离破碎的，变成不是完整的东西。

可是伊林的作品，常常描写出事物与事物的联系，使我们看到他所描写的事物，和它们在自然界里的情景是一样的。

在一般科学读物里，水是水，鱼是鱼，地球是地球。

在伊林的作品里，水、鱼和地球是混在一起的；水流过地面，鱼活在水里。

为了研究的便利，科学家们才把科学分门别类地分成许多部门和种类。伊林在写他的科学读物的时候，常常打破了这种人为的科学上的界限。

伊林这样做，是为了一个更伟大的目的。伊林认为科学并不是他的主要的研究目标。他的目标是为了了解自然、改造自然、征服自然，而研究科学。

……

伊林的作品，是富有文艺性的。

在《人和自然》里，他以巨大的篇幅，用极其生动的语言，来描写人和天气的斗争。他把地球和太阳、风和暴雨、海和河流等都人格化了。如太阳记下的一本日记、海的笔迹、湖泊和泉水的脉搏、天气学习写作、河流的戏剧、风暴和洪水的数学等等。这些都是科学的诗句。

——高士其：《通俗科学读物的典型——介绍伊林的作品》

Ⅲ

伊林善于通过艺术形象，来描述科学技术问题。在伊林的笔下，往往能把一些复杂的道理，写得通俗易懂；把一些平凡的事物，写得趣味横生；把一些难于描写的科技问题，写得有声有色，娓娓动听。伊林的科学文艺说明，科普作品的通俗化并不是简单化；趣味性也绝不等于庸俗性。伊林所以能够把科技问题写得那样有声有色，是因为他能够很好地掌握内容情节，使自己笔下所写的东西紧紧地抓住读者。他善于通过巧妙的构思，使平凡的事物显得很不平凡，并把神秘费解的东西，写得令人豁然开朗。伊林说得好："讲科学的书应该是鲜明而生动的书——应该跟他所叙述的科学一样有趣……而引起读者的兴趣！引导他到科学跟前，指给他看：‘看，科学是多么有趣，值得你去学习啊！’”他并指出：“一个人在从他时常看到的事物里看出新的东西来，总是觉得有趣的。要使距离远的东西和距离远的思想变近，是不会不引起读者注意，不会不感到趣味的。”伊林特别赞扬那些能够用“小事情讲明大道理”，把日常生活中常见的影子、烟、火花、气泡、太阳的反射光、微尘……写得有声有色的作品。伊林认为人们对于生活于其中的种种司空见惯的事物，未必了解其所以然，甚至知道得很少。“不识庐山真面目，只缘身在此山中。”伊林精心刻意地把这许多“庐山真面目”科学地阐明了出来，并且加以诗意般的描写，从而能够做到在向读者传授新科学知识的同时，还能引导他们去进行思考。伊林在这方面表现的艺术匠心和高超的技巧，也是值得我们很好地学习的。

——郑公盾：《伊林和他的科学文艺作品》